WESTERN CUISINE TEACHING

SEASONING VOLUME

西餐教室
——调味篇

◎ 赖声强 著

 上海科技教育出版社

图书在版编目（CIP）数据

西餐教室．调味篇 / 赖声强著．—上海：上海科技教育
出版社，2017.4
  ISBN 978-7-5428-5843-6

  Ⅰ．①西… Ⅱ．①赖… Ⅲ．①西式菜肴—调味法
Ⅳ．① TS972.188

  中国版本图书馆CIP数据核字（2017）第035122号

责任编辑 王克平
装帧设计 吴杨嬗

西餐教室 ——调味篇
赖声强 著

出版发行 上海世纪出版股份有限公司
          上 海 科 技 教 育 出 版 社
          （上海冠生园路 393 号 邮政编码 200235）
网   址 www.sste.com www.ewen.co
经   销 各地新华书店
印   刷 上海中华印刷有限公司
开   本 889 x 1194 1/16
印   张 14
插   页 4
版   次 2017 年 4 月第 1 版
印   次 2017 年 4 月第 1 次印刷
书   号 ISBN 978-7-5428-5843-6/TS·34
定   价 128.00 元

作者介绍

赖声强
Charles Lai

上海光大国际大酒店行政总厨
国家级西餐评委
国家级高级技师
国家职业技能鉴定考评员
烹饪大师
上海旅游高等专科学校客座副教授
曾赴美国 CIA 烹饪学院等处进修

　　赖声强出生于餐饮世家：祖父赖绍恺是民国时期北京丰泽园饭庄天津分号的掌柜；父亲赖家宽于 1948 年自天津被派往上海国际饭店丰泽楼工作，曾是 20 世纪 70 年代国际饭店的餐饮部经理和静安宾馆副总经理。赖声强本人则师从范明琪、徐焕昌两位烹饪大师，中西兼修，后被聘为上海第一家外资管理酒店——华亭喜来登的首批中方厨师长之一，先后赴德国和美国进修，曾获上海烹饪协会评选的"新中国 60 年上海餐饮技术精英"称号，并参与修订国家人力资源和社会保障部制定的《西式烹调师——国家职业技能标准》。

　　为了使祖孙三代传播西菜美食文化的夙愿得偿，赖声强凭借多次在国际烹饪比赛中获奖的经历与人脉，于 2002 年后携手上海多家著名酒店的首席厨师，开始编写具有中国特色、上海特色的西菜烹饪图书，十几年来已在上海、北京两地出版了几十种西菜菜谱。这些书集中了时下在高档餐馆工作的大部分优秀厨师的作品，甚至还包括在华工作的海外厨师的作品，其内容既有历史的积淀，又有时代的创新。

本书由上海赖声强大师工作室策划

编　委　会　　（按姓氏笔画排列）

主　　　任　赖声强

委　　　员　王　龙　王　芳　冯伟　朱颖海　李小华　李双琦　陆勤松　林苏钦　侯越峰　钱继龙

顾　　　问　叶卫权　全　朱一帆　陈　钢　周　亮　侯德成　董　彦

摄　　　影　姚　珧

导 言

　　"色、香、味、形"是我们对烹饪菜肴好坏的最直接和最显著的感官评价指标。一道佳肴的确总是能给人们带来美好的饮食感受和愉悦的情绪。清代袁枚所著的《随园食单》有言："佳肴到目到鼻，色香便有不同，或净若秋云，或艳如琥珀，其芬芳之气，扑鼻而来，不必齿决之，舌尝之，而后知其妙。"可见佳肴之香的重要。

　　香辛料早期用以祭祀，慢慢发展成为医药用，再转为烹调之用，寓医疗于饮食中，调配使用得当，对健康非常有好处。中国的夏商时期，已有"香之为用，从上古矣"的文字记载。春秋战国时期，楚国人屈原在《九歌》中所说的"奠桂酒兮椒浆"的"桂"即是指肉桂，"椒"即是指花椒。宋朝的进士洪刍著的《香品 香事 香法》一书中，详细记载了 81 种香料的产地、使用及加工方法。南宋任舶司督职的赵汝南，在 1225 年编著的《诸藩》一书中，记录了 47 种中国香料贸易的情形。当时把丁香、胡椒与珍珠、玛瑙一并作为国贸商品。丁香、胡椒、肉桂、肉豆蔻作为 12 至 13 世纪世界通用的四大香辛料，对当时人类生活所起的作用是现代人难以想象的。

　　香辛料调味品主要是指以各种香辛料为主要原料加工的调味产品。一种是单一加工产品，如胡椒粉、芥末酱等；另一种是复合加工产品。其中又分为两类，一类是香辛料与香辛料的复合产品如五香粉、咖喱粉等；另一类是香辛料与其他调味品的复合产品如汤底调料、火锅底料等。因此，香辛料调味品的品种范围很宽，市场前景广阔。

　　香辛料在食品中起调香、调味、掩盖异味、赋予辣味及着色等作用，改善食品的色香味，从而增进人们的食欲。香辛料要遵循以下几个使用原则：

　　(1) 不能滥用。肉桂、小茴香、胡椒、大蒜、生姜、葱类等都可起到消除肉类异味，增加风味的作用，可作为一般香辛料使用。但大蒜的香味独特，应根据消费者的习惯来确定是否添加及添加量。

　　(2) 不能过量。各种香辛料本身具有特殊香气，有的平淡，有的强烈，在使用剂量上不能等分。如肉豆蔻、甘草是使用范围很广的香辛料，使用量过大会产生涩味和苦味；月桂叶、肉桂等也会产生苦味；丁香过多会产生刺激味，并会抑制其他香辛料的香味；芥末、百里香、月桂叶、莳萝籽使用过量会产生药味。

　　(3) 注重风味。设计每种复合香辛料时，应注重所加工产品的风味。如选用辣味香辛料时，需要考虑其辣味成分：胡椒辣味是辣椒素和胡椒碱，生姜辣味是姜酮、姜醇等。

　　(4) 互换性。某些芳香型香辛料，只要主要成分相类似，使用时可互相调换。如大茴香与小茴香、豆蔻与肉桂、丁香与多香果等。

　　(5) 香辛料常常搭配使用，香料之间会产生相乘或抵消效应。如：一般不将鼠尾草同其他多种香料并用。

(6) 肉制品加工中使用的香辛料，有的以味道为主；有的香、味兼具；有的以调香为主。通常将这三类香辛料按 6:3:1 的比例混合使用。常用的各种香辛料风味分类如下：以呈味为主的香辛料中辣味的有辣椒、生姜、胡椒、芥末、草果、良姜、小豆蔻、大蒜、葱头，甘味的有甘草，麻味的有花椒，苦味的有陈皮、砂仁；以香和味兼有的香辛料有肉桂、山奈、丁香、大茴香、小茴香、芫荽、白芷、白豆蔻等；以芳香味为主的香辛料有鼠尾草、百里香、月桂叶、多香果等。

如今很多餐饮从业者广泛使用各种食品调香剂，但有的人却并不清楚菜肴香味是怎么形成的，而一味地追求外在方法或手段来增香，忽视了菜肴本身香味的形成。《西餐教室——调味篇》给出了菜肴香味形成的调配原则与实际操作经验。其所有范例，一是遵循食品安全原则，即以食品安全卫生法为纲要，不使用未经允许的食品调香剂，并尽量采用无毒无害的天然调香剂；二是遵循营养卫生原则，即让菜肴的香味调配符合营养需求，因为菜肴所用原料之间的香味调和，通过烹调会发生一系列理化反应，营养成分将发生变化，绝不过量使用食品增香剂；三是突出原料本香原则，即掌握烹饪调香的目的是为了使菜肴具有美好滋味的原则，除烹饪菜肴原料味淡或有异味的动物性原料需使用重味型调味调香料外，所有烹饪菜肴还应重点突出其食材本身的特色风味。

中华职业学校

薛计勇

CONTENTS | 目 录

第五章　　　　　菜肴调味 创新篇

第六章　　菜肴调味 融合篇

附录

Flavor Forecast® 2017

Taste it Forward

味好美"流行风味预测"，自2000年开启以来，至今已有18年的历史。它是由味好美全球的美食专家（包括主厨团队、趋势研发团队和技师团队）共同发起的对未来美食的流行趋势及原料的探索。

每年，味好美都会发布"流行风味预测"的趋势报告，其结论受到了烹饪爱好者及专业人士的广泛认可并备受推崇。从家庭烹饪到高级餐饮，从零售商到快餐食品企业，都对味好美的推荐极为珍视。

欲了解更多信息及菜谱，请登陆 www.weihaomei.com 或 www.mccormick.com.cn
您也可以关注"味好美厨师俱乐部"微信公众号，以了解更多菜谱及风味知识

图片由美国味好美食品有限公司提供

CHAPTER 1

第一章
调味知识

所谓调味，就是调理、调谐滋味，是用调味性烹调原料（原料）和调味手段，在烹调原料加热之前，或加热中，或加热后影响原料的本味，使调味性烹调原料的滋味与烹调原料本味复合成美味。

一、味的种类

1. 味觉的形成

味觉是某种呈味物质刺激味觉器官所引起的特殊感觉。味觉是一种生理感觉，除味觉器官的味蕾感受最为灵敏以外，嗅觉、触觉等神经器官也能感受到味。

2. 味的种类

按某种呈味物质（化学成分）的种类多少、呈味的程度高低，味可分为基本味和复合味两大类。

（1）基本味

呈味物质中只有一种物质最为明显，相对而言称作基本味。基本味包括咸味、甜味、酸味、辣味、苦味、鲜味、香味等。

①咸味

咸味是烹调中的主味。除了咸鲜菜肴以咸味为主外，其他味如酸、甜、辣味中也离不开咸味。咸味有对比增味、消杀减味的功能，以及调理、调合其他基本味的作用。呈咸味的调料有食盐、酱油、鱼露等。

②甜味

甜味是仅次于咸味的主要味，是一种美好的味。甜味有味的转化，有对比增味、消杀减味的功能，能够调谐强刺激味的刺激程度，对酸味，辣味、油腻味的缓冲作用最为明显。呈甜味的调料有白糖、蜂蜜、果汁、果酱、黄糖以及甜味剂（添加剂）等。

③酸味

酸味是一种强刺激味。在某些菜肴中，酸味有着特殊的地位。酸味有对比提味和消杀作用，它能缓冲腥、膻、臊、臭、苦、涩、腻味。呈酸味的调料有黑醋、果醋、白醋、白酒醋、红酒醋等。

④辣味

辣味是一种强刺激味。在某些菜系中，辣味占有重要的位置。辣味除有对比提味的作用外，更重要的是有消杀作用，它能缓冲腥、膻、燥、臭、涩、腻味，达到以正压邪的调味目的。呈辣的调料有辣椒及其制品，胡椒及其制品，姜、蒜、芥、葱及其制品等。

⑤苦味

苦味是一种特殊的味，同辣味、酸味一样不能单独使用。苦味有着对比提味的增味作用，也具有缓冲消杀的减作用，能够减掉腥、膻、燥、臭等异味。呈苦味的调料有陈皮、茶叶、柚皮以及蔬菜本身的固有味等。

⑥鲜味

鲜味是人们最喜爱的基本味。鲜味主要来自蛋白质分解产生的氨基酸（核苷酸、琥珀酸、肌苷酸等）以及其他物质。鲜味在味觉的感受中较弱，极易被甜味、辣味、酸味等压仰，只有在咸味的对比提味作用下，才能更加明显地体现出诱人的滋味。呈鲜味的调料有酱油、牛肉精、鸡肉精、上汤等。

⑦香味

香味是指挥发性物质刺激鼻腔内的嗅觉神经所产生的嗅感。通常令人喜爱的挥发性物质被称为香气，反之被称为恶气。在烹调中主要利用的是香气。 一般菜肴的香气来自两个方面：一是原料自身的香气，以及在受热后发生化学反应释放出的香气，如炖肉产生的肉香味，蔬菜或水果的清香等。另一方面是由添加的具有香味的调料形成的香气，如常见的香辛调料。香辛调料又分为辣味性香料、芳香性香料和脱臭性香料等。辣味性香料主要有生姜、辣椒、芥末、胡椒、咖喱粉等；芳香性香料有花椒、茴香、料酒、食醋、丁香、肉桂等；脱臭性香料有大蒜、陈皮、香葱、食醋、料酒、麝香草等。 辣味性香料可以掩盖或加强原料释放的气味，芳香性香料能进一步增加原料的香气，脱臭性香料能改变和掩盖原料的异味。因此说香料能赋予食品以香气，增进食欲，还可去腥解腻。

（2）复合味

复合味是用两种或两种以上的单味调味品混合调制出的味道。这是一种综合的味道。做菜调味时，虽然原料自身具有一定的味道，但是这种味往往是在添加调味品后才呈现出来的，可见，菜肴的主要味道一般是由添加的调味品来决定的。丰富多样的各种菜肴所呈现出来的味绝大多数都属于复合味。复合味的配制，因调味料的组配不同，会有很大变化。各种单一味道的物质在烹调过程中以不同的比例、不同的加入次序、不同的烹调方法，就能够产生出众多的复合味。同时各地又有各自的调配方法，使得味型种类很多，常见的有：

● 酸甜味

应用最普遍的酸甜味是糖醋汁。常用的酸甜味调味品有番茄沙司、番茄酱、草莓酱、蓝莓酱、橘子酱、菠萝酱、柠檬酱等。

● 甜咸味

甜咸味在烹制时大都用酱油、盐、糖混合调制而成，一般适用于红烧等烹调方法，并有甜进口、咸收口，或咸进口、甜收口之分，即在咀嚼时先感到突出的甜味，后有咸鲜的回味；或开始时咸味明显，回味时有甜的感觉。常用的甜咸味调味品有 BBQ 酱等。

● 鲜咸味

鲜咸味常用盐或酱油加鲜汤或味精调配而成。常用的鲜咸味调味品主要有鲜酱油、美极酱油等。

● 辣咸味

在各类菜肴中辣的层次有所区别。常用的辣咸味调味品有塔巴斯科辣酱（Tabasco）、李派林等。

● 香辣味

在调配香辣味时，如果为了加强咖喱的香味，常可采用植物油、洋葱、姜末、蒜泥、香叶、胡椒粉、干辣椒和面粉等混合配制，这样可使辣味层次感强，香气倍增。常用的香辣味调味品有咖喱、芥末等。

● 香咸味

常用的香咸味调味品有椒盐、胡椒盐等。

二、调味的方法

对烹调原料进行调味的方法有 7 种，它们是：加热前调味、加热中调味、加热后调味、加热前和加热中调味、加热前和加热后调味、加热中和加热后调味、加热前加热中和加热后调味。

1. 烹制加热前的调味

一般称之为基础调味。就是烹调原料在热处理和正式烹调之前，先用调料影响烹调原料，使烹调原料先有一定的基础味，同时达到除异味、增美味的作用。对于某些菜肴，烹制加热前调味是极为重要的。绝大部分的动物性烹调原料，在烹制前都要进行必要的基础调味。

2. 烹制加热中的调味

是在烹调过程中边加热原料边进行调味。在加热过程中调味，可以确定菜肴的风味特色。对于烩、烧、炖等烹调方式，以及一些无法进行加热前调味或不适合加热后调味的情况，加热中的调味对于菜肴的制作起着决定作用，因此加热中调味也可称为重要调味。

3. 烹制加热后的调味

在烹制加热后调味，对一些烹调方法，如蒸、炸、涮、烤等，起着非常关键的作用。对于烹制加热前不易调味或不能充分调味，在烹制加热中也不易调味或不够充分的原料，通过烹制加热后的调味，可以确定菜肴的口味和特点。

三、调味原则

调味是烹调中极为重要的一项工作，做好调味工作要掌握以下几项原则。

1. 调料的投放要恰当、适时、有序

要根据烹调原料本身的品质特性，选用适合的调料。同时要了解调料本身的性质，做到因材施艺。调料投放时，应选择最佳时机。使用多种调料时，应根据不同品种自身的性质和性能，按一定顺序投放，以最大限度地体现出调料本身的调和作用。

2. 根据烹调原料的性质调味

在调理滋味时应充分了解烹调原料的性质，切不可千篇一律，一概而论。对于鲜美的原料，调味时应以调味的滋味衬托出烹调原料的美味；对于本身带有腥、膻、臊、臭、苦、涩、腻等异味的原料，调味时应用较重的滋味抑制异味，或用调料除去异味；对于本身味极弱的原料，调味过程中要补充增进滋味。

3. 根据季节的变化合理调味

人的口味四季不同，春天口味偏酸，夏天口味偏苦，秋天口味偏辣，冬天口味偏咸。调味时应考虑这种口味上的变化。

4. 根据食者口味的具体要求调味

不同地区的人口味差异很大。调味时必须充分了解食者的口味要求。

四、调料的盛装保管与合理放置

1. 调料的盛装保管

（1）理化性质调料有动物性、植物性、化学合成、矿物性调料等。它们具有的理化性质主要包括挥发性、潮解性、腐蚀性、氧化性、蒸发性。

（2）对盛装器皿的要求应根据调料的理化性质，调料对盛装器皿的要求是具有一定的耐热性；具有一定的防潮解、防挥发、防蒸化的功能。

（3）保管注意事项

● 控制环境温度

温度过高，将引起呈液体状态的调料腐败变质，氧化分解。比如醋、酱油、料酒、食用油在高温时极易引起变质。温度过低，新鲜的植物性调料，如姜、蒜的组织结构被破坏，引起水分流失，影响调料的品质。

● 控制环境湿度

环境湿度过大将引起呈固体粉末状的调料潮结甚至霉变，如糖、黄姜粉、胡椒粉、味精、淀粉等在湿度大的环境下易潮结、霉变。湿度过小会引起某些植物性调料水分的蒸发，如香菜、姜、蒜等极易枯萎干缩。

● 注意避光保存

油脂等调料长时间接触强烈的光照会引起变质，要存放在避光处。

● 注意调料的密闭

对于某些调料，必须密封保存。密封条件不好，会失去调味的性能。

● 防止调料之间相互污染

调料应分类保存。使用中要注意清洁。

● 调料存放保管原则

○先进先用，及时使用。

○不同性质，分别保管。

○节约使用，减少浪费。

2. 调料在使用期间的合理放置

● 先用的近放。

● 常用的近放。

● 色重的近放。

● 液体的近放。

CHAPTER 2 | 第二章
调味品术语和分类

本章除"一、调味品的定义"和"二、调味品的分类"中"1. 基础调味品"以外的大部分内容由味好美食品有限公司提供。

一、调味品的定义

在饮食、烹饪和食品加工中广泛应用的，用于调和滋味和气味并具有去腥、除膻、解腻、增香增鲜作用的产品。

二、调味品的分类

1. 基础调味品

（1）食盐

盐在历史上是非常重要的商品，主要来自海水蒸发和盐矿开采。常见的食盐有精盐、海盐和碘盐，其中氯化钠（化学式 NaCl）的含量均在 99% 以上。某些品种食盐中，会添加碘、硒或者其他的微量元素，以满足当地人群对某种重要元素的需要。世界大部分地区通过添加碘的碘盐来预防碘缺乏病（大脖子病）。过量食用盐会对身体造成损害，如增加高血压的发生率。有些公司推出含有氯化钾的食盐供选购，降低钠的含量以降低高血压发生率。

食盐有两个主要来源：海水和石盐。石盐是内流盆地中封闭的湖泊蒸发所沉积下的矿物质。石盐的岩床可以在地下广大的区域里延伸，最多达 350 米厚。

（2）食糖

糖是人体三大主要营养素之一，是人体热能的主要来源。糖供给人体的热能约占人体所需总热能的 60% ~ 70%，除纤维素以外，一切糖类物质都是热能的来源。

糖类物质是自然界中最丰富的有机化合物。糖类物质主要以淀粉、糖、纤维素各种不同的形式存在于稻、谷、薯类、豆类以及米面制品和蔬菜水果中。在植物中糖约占其干物质的 80%，在动物性食品中糖含量很少，约占其干物质的 2%。

食糖是糖类中的一类，根据其精制程度、来源、形态和色泽，大致可分为：精制白砂糖、粗砂糖、绵白糖、赤砂糖、红糖粉、冰糖及冰片糖、葡萄糖粉及葡萄糖浆、麦芽块及麦芽糖浆、转化糖浆、果葡萄糖浆（异构糖浆）、蜂蜜、糖蜜、焦糖等。

（3）食醋

食醋是一种酸味调味剂，按生产方法的不同有酿造食醋和人工合成食醋。酿造食醋是用含淀粉多的粮食原料、糖类原料、食用酒精等经过微生物发酵制成的。人工合成食醋是以冰乙酸为主要原料勾兑而成的。

西式烹饪中的食醋应用主要有：①法国发明的奥尔兰制醋法风靡全欧洲。法国菜中的蔬菜、肉类、鱼类等菜肴都需要用添加了各种香料的食醋来烹饪。②麦芽醋在英国、德国较流行。麦芽醋特点是具有较浓的柠檬味，多用于腌制蔬菜，在烹饪中则常用作柠檬的代用品。③意大利出产世界闻名的"醋中贵族"——巴沙米克醋，这种醋由葡萄酿造而成，不仅可以用来搭配肉、鱼、主食，也可以搭配甜品和冰激凌。④西班牙雪利醋呈红褐色，芳香浓郁，产于西班牙南部安达卢西亚地区，该地区也是著名的雪利酒产地。⑤奥地利特产苹果醋由苹果汁在橡木桶中发酵5年生产出原料醋，再添加苹果汁和蜂蜜配制而成。⑥美国以廉价原料糖蜜生产酒精的方法而酿造的酒精醋是世界上产量最多的食醋品种之一。

2. 香辛料复合调味品

（1）胡椒系列

①黑胡椒

黑胡椒有种辛辣的气味，典型的木香和松木香，口感辛辣。

黑胡椒是在果实还很青涩时摘下的，再让其发酵，直到外皮干皱，呈棕黑色。

黑胡椒在几乎所有国家的烹饪中都大有用武之地，适用于多种肉类及蔬菜烹饪。

根据烹饪的需要，黑胡椒有不同研磨程度的产品可供选择，包括黑胡椒整粒（新鲜研磨的最佳选择）、黑胡椒碎（菜肴外观要求大颗粒）、细黑胡椒粉（提升菜肴的形象，更诱人）、粗黑胡椒粉（菜肴外观要求有较大颗粒、可见）、纯黑胡椒粉（释出的风味最浓郁，菜肴外观要求颗粒不可见）。如图2-1所示。

建议用途：可用于制作炒饭、鸡肉、牛排、土豆等。

图 2-1

②白胡椒

白胡椒性味近似黑胡椒，但偏多泥土味。它是在果实完全成熟时采摘的，去掉果实外皮，留下灰白色的干核。

白胡椒在几乎所有国家的烹饪中都大有用武之地，适用于多种肉类及蔬菜烹饪。欧洲人特别喜欢用白胡椒，尤其是添加在鱼或浅色酱汁菜式中。

根据烹饪的需要，一般有白胡椒、白胡椒粉两种产品可供选择（图 2-2）。

建议用途：可用于烹饪各种鱼类，也可以调制酱汁。

图 2-2

③花椒粉（图 2-3）

花椒的香气强烈芳香；口味辛温、麻辣、而且持久，微微有些甜味。

生花椒炒熟后，香气四溢。花椒能去除腥气，它的麻辣在世界上都非常有名。

建议用途：花椒适用于多种菜式，尤其中国的川菜，比如：麻婆豆腐、夫妻肺片，还可用于肉类腌渍、卤蛋等。

图 2-3

④咖仁辣椒粉（图 2-4）

咖仁辣椒又名牛角辣椒，是最辣的品种之一，要小心慎用！

它原产于美洲热带地区、西印度和南美，被用在多种混合调料中，使墨西哥菜和意大利菜增色增香。中国、泰国、印尼和北美的菜式中也偶有用到。

建议用途：可以用于制作土豆色拉、调酱汁。

图 2-4

（2）香草系列

①罗勒叶（图 2-5）

罗勒的故乡是印度，其香味像薄荷和茶，与番茄很合味，是许多用番茄沙司烹调的意式菜所必不可少的调料。如可用作匹萨饼、意粉酱、香肠、汤、番茄汁、淋汁和色拉的调料。许多意大利厨师常用罗勒来代替皮萨草。罗勒也是泰式烹饪中常用的调料。

建议用途：可以用于制作茄子、意大利面。

图2-5

②莳罗草（图2-6）

欧洲是莳罗的故乡。莳罗浅棕色，味道香浓，口味温和，主要用来制作腌菜和面包、土豆和蔬菜。莳罗在俄罗斯、中东和印度菜式中特别受欢迎。莳罗有舒缓消化道的作用，其名就是从一旧挪威文字dilla 得来的，意为"催眠"。以前常有人将莳罗喂给爱哭闹的婴儿吃。莳罗还能治打嗝、胃痛、失眠和呼吸困难等。

在中古时代，据说受伤的武士还用烧过的莳罗籽敷在伤口上，加速愈合。

建议用途：可以用于制作腌菜、色拉。

图2-6

③甘牛至叶（图2-7）

薄荷科，主要生长在埃及的尼罗河河谷，味道近似皮萨草。它有突出的芳香味和怡人的木香，后劲夹点苦，能提高许多肉类风味。甘牛至在希腊罗马年代特别受欢迎。古希腊人认为如果有甘牛至长在坟墓上，亡灵就能永享和平快乐。希腊的名医将甘牛至当药用。中世纪，甘牛至还被用作兴奋剂，治疗哮喘、咳嗽、消化不良、风湿、牙痛和心脏病。

建议用途：可以用于制作汉堡包、蔬菜豆汤，还可以用于制作鸡肉和火鸡馅料。

图2-7

④皮萨草叶（图2-8）

味道近似甘牛至，不太甜，味道偏辛、偏苦。墨西哥产的品种味道偏浓重，主要用于辣椒粉和墨西哥菜中；地中海产的品种味道略苦，有薄荷味，主要用于意大利面酱和匹萨饼。皮萨草来自希腊语，意为"山之欢愉"。自从早期古罗马以来，皮萨草一直被用来烹饪蔬菜、酒、肉和鱼。皮萨草是意大利菜、希腊菜和墨西哥菜式中的基本调料。

建议用途：可用于制作匹萨、意大利面、新鲜田园色拉、蛋类和面包。

图2-8

⑤香芹片（图2-9）

产于地中海地区多岩石的海边。香芹味道清新，可与多种菜式合味。早在3世纪，香芹就被用来烹调和做装饰菜。香芹可以带出其他基本香料和调料的味道，是调味家族的重要成员，给菜式增色增味。香芹（parsley）一词是从希腊语petros来的，意为"石头"，因为香芹是于岩石间被发现的。古代，人们将香芹做成花环戴在头上，以防沉睡。

建议用途：可用于制作土豆、烤鸡、色拉、汤、意大利面、奶油、鱼、肉等。

图2-9

⑥迷迭香

原产于地中海地区，薄荷科，有种特别清甜带松木香的气味和风味。迷迭香的特别味道与羊肉、猪肉、禽肉和面包都合味。把它加在烤肉和烤土豆等菜式中，味道特别可口。在古希腊，人们相信迷迭香有提神醒脑的作用，所以临考学生的发辫上总会夹着迷迭香。迷迭香意为"海洋露水"，因为它在阴雾天的海边生长茂盛。迷迭香还有"记忆草"的美称，在《哈姆雷特》里，Ophelia说过，"迷迭香可以增强记忆"。直到今天，英国人还会在英雄墓碑前放上一束迷迭香以示缅怀。根据烹饪的需要，一般有迷迭香叶、迷迭香粉两种产品规格可供选择（图2-10）。

建议用途：可用于制作羊肉、猪肉、禽肉、烤鱼，也可搭配土豆、胡萝卜、炖煨菜、面包等使用。

图2-10

⑦蛇蒿叶（图 2-11）

蛇蒿是最芳香的草本香料之一，其香味诱人，故受到美食家们的青睐。蛇蒿以法国产的最受欢迎。蛇蒿是多用途的香料，在卡真菜式中，常用来腌胡萝卜色拉、烹调海鲜和做成腌料。蛇蒿是传统的法式蛇蒿酱和蛇蒿醋的主要调料。蛇蒿 tarragon 源于法语 Estragon，即小龙。有说此名是因为蛇蒿能治愈有毒爬行动物的咬伤；有说是因为蛇蒿的根像卷曲的蛇。蛇蒿在 13 世纪还被用作催眠药和呼吸香剂。

建议用途：可用于制作煎蛋、鱼汤、蔬菜色拉、鸡肉，还可用来泡醋。

图 2-11

⑧百里香

属薄荷科，原产于地中海地区。气味温和，有药味，清新芬芳，还同时是多款素菜的调味料。根据烹饪的需要，一般有百里香叶、百里香粉两种产品多种规格可供选择（图 2-12）。

建议用途：可用于烹调杂烩汤、猪肉、海鲜、禽肉淋汁、番茄、罗宋汤。

图 2-12

⑨鼠尾草（图2-13）

属薄荷科，有浓郁的芳香，略带药味、松木味和苦味。是传统的罗马烩牛仔肉片Saltimbocca的主要调料。在中世纪鼠尾草被用来治疗多种病症，如发烧、肝病和癫痫等。以前英国人还用鼠尾草来泡茶，制成芳香而又健康的饮料。鼠尾草还被认为可加强记忆，故鼠尾草Sage的另一意思是圣人。17世纪，中国人曾用3～4磅的茶叶与荷兰商人换2磅的欧洲鼠尾草叶。

建议用途：可用于烹调猪肉，特别是猪肉香肠。另外，它也适用于其他肉类、禽肉填料，以及羊肉、浓汤等。

图2-13

（3）香料系列

①甘椒粉（图2-14）

又称多香果，味道像丁香、桂皮和玉果合起来的味道。甘椒有怡人的芳香，近似丁香，以牙买加产的为上乘。很多种需要长时间烹饪的菜式在加了甘椒后，味道显得更浓郁而温和。甘椒也用来做牙买加汤和煨肉，以增添风味。甘椒可使德式酸煨牛肉味道均匀，并可应用于多种美式水果派、饼干和蛋糕中。

建议用途：可用于烹饪主菜中的牡蛎、火腿，也可用于烹饪腌菜和开胃菜，还可用于甜点制作，如馅饼、蛋糕、饼干等。

图2-14

②香芹籽（图2-15）

味道辛辣、可口，略带苦味，且苦中带甜。许多德国菜式用到香芹籽，如香芹面包、德式酸菜和德式酸烩牛肉。奥地利厨师喜欢将香芹籽放在炖煨菜中。意大利人则将板栗馅和香芹籽在水中煮后再烤。黑麦包中有种特殊的味道，近似莳罗籽和茴香，那是由于加了香芹籽的原因。香芹籽被认为是最早在欧洲种植并使用的香辛料。早在1世纪，著名希腊医学家迪奥斯科里季斯将它当成一种药物介绍给大家，称其对"脸色苍白的女子"特别有效。到了中世纪，香芹籽的种植遍布全欧洲。

建议用途：炸薯条、烤面包。

图2-15

③辣椒粉（图2-16）

由若干种粉状香辛料混合成，带有泥土味，略甜，味道很辣。辣椒往往不是带出而是主导食物的风味。墨西哥等拉丁美洲国家就是用辣椒来做出其食物特有风味的。

建议用途：可用于制作辣酱、炸鸡肉等。

图2-16

④玉桂粉（肉桂粉，图2-17）

桂皮气味芳香，常用于烹调腥味较重的原料，它也是重要的烘焙用香辛料。桂皮是人类最早应用的香辛料之一，古埃及人便将其用于制造化妆品和香油。早在公元前500年，埃及人长途跋涉采购桂皮。桂皮是15和16世纪欧洲冒险家乐于采集的香料之一，它成为发现美洲新大陆的间接原因。

建议用途：可用于制作甜品，如蛋糕、小面包、饼干、馅饼等。

图2-17

⑤丁香（图2-18）

丁香味道香浓，有水果味和甜味，近乎辣味，其味道有穿透力，入口后有麻木的感觉。丁香形状像钉子，丁香clove一词来自于法语clou，意为"钉子"。关于丁香最早的历史记载是在中国汉朝，史书称其为"舌香"，汉朝文臣武官在觐见皇帝时需口含丁香。根据烹饪的需要，一般有丁香、丁香粉两种产品可供选择。

建议用途：可用来烹调火腿、猪肉、水果蜜饯、洋葱浓汁和糖浆。

图2-18

⑥香菜籽粉（图2-19）

香菜籽是香菜的种籽。香菜籽与香菜叶的风味完全不同，它有柔和的薄荷味道，以及淡淡的柑橘风味，风味自然清新，略甜。香菜籽的风味与薄荷、孜然、柠檬汁很合味，因此常用于腌料。

建议用途：香菜籽是印度菜肴中咖喱、什香粉、腌渍料的关键香料，也用于酸辣酱、开胃菜、泡菜的调味。香菜籽最常应用于中东、印度、俄罗斯、北非和墨西哥等风味菜肴中。在土豆色拉、热狗、苹果派、煮鱼及印度豆汤中加入香菜籽，可谓是点睛之笔。中餐中，香菜籽也可与五谷的风味相搭配，如粥汤的调味。

图2-19

⑦小茴香（图2-20）

小茴香温和清甜，近似甘草和茴香籽的气味。小茴香常被用来制作德国面包和饼干，它在烹饪中的应用则包括波兰罗宋汤、英式汤、西班牙烘焙食物和中国菜式等。小茴香在古希腊被视为成功的象征，希腊文小茴香的意思就是"马拉松"。这是因为公元前490年希腊大胜波斯的马拉松一役就是在小茴香田地上进行的。近代，清教徒在会面时总会咀嚼小茴香，因而得名"会面籽"。小茴香还有药用，能舒缓从牙痛到心绞痛的各种疼痛。

建议用途：可用于制作香肠、意大利面、鱼、腌杂菜、罗宋汤、烘焙食物等。

图2-20

⑧蒜头粉（大蒜粉，图2-21）

蒜味辛烈，是今天广受欢迎的香辛料之一，可以用来烹调几乎所有的菜式。意大利和整个地中海及亚洲地区的菜式都特别喜欢用蒜。1/8茶匙大蒜粉相当于一个普通大小的蒜球。早在有文字记载之前，埃及、中国和印度就是大蒜的主产地。

建议用途：可用于制作蒜味面包、蒜香排骨、蒜香茄子。

图2-21

⑨孜然（安息茴香，图2-22）

孜然又称安息茴香。有种穿透性的霉土味，夹杂清爽的草味。常用于中东、墨西哥及北非的菜式。它是早期希腊和罗马的食物保鲜剂。圣经的旧约和新约中都曾提到过安息茴香。根据烹饪的需要，一般有孜然、孜然粉两种产品可供选择。

建议用途：烤肉。

图2-22

⑩生姜粉（图2-23）

姜味辛辣，有柠檬味，温和清甜。中国菜中常用姜来体现辣的味道。同时姜也是德国、北非和印度菜中的常用调料。古代中国和印度早就有姜的种植，它是最早由东方传到欧洲的香辛料之一。姜的拉丁名是 Zingiber，意为"样子像触角"，就是指姜的根部看起来像鹿角。姜还有药力，16 世纪当大瘟疫威胁英国时，亨利八世建议把姜作为防疫药。孕妇经常用姜来克服早上的不适症状。19 世纪末，姜被加到啤酒或苦艾酒里，这就是我们所熟悉的姜艾酒。美国的姜饼和姜味面包中当然少不了姜，姜用在南瓜饼中更是点睛之笔。

建议用途：可用于制作鱼类、海鲜、禽类。

图 2-23

⑪肉豆蔻衣粉（图 2-24）

肉豆蔻被称为"一物两用"的香辛料，籽和外皮都可以食用。肉豆蔻有松木味和柑橘味，口感既甜又苦，风味突出。其果实外面的硬壳是肉豆蔻衣，颜色鲜红，有网状花纹。将豆蔻撒在蛋酒里，味道更加可口。

建议用途：可用于烹饪炒饭、吞拿鱼色拉，或烹饪甜味食物，如布丁、蛋糕和饼干等，也可用在肉类制品中，如香肠。

图 2-24

⑫特级红甜椒（图 2-25）

红辣椒的一种，味甜，味道温和，有鲜艳的红色，是最受欢迎的香辛料之一。可使淡色的食物增添诱人的颜色，如鱼、土豆、芝士。特级红甜椒是匈牙利烩牛肉的基本调料，也常用来烹调法式色拉酱。早期特级红辣椒的种子被西班牙探险家带回欧洲种植，渐渐就少了辣味，成为"甜"的红辣椒。匈牙利科学家曾因研究特级红甜椒所含维生素含量而获得诺贝尔奖。1千克特级红甜椒所含的维生素成分比1千克柑橘所含的还要高。特级红辣椒应置于冰箱内以保持鲜红色。

建议用途：土豆、鸡肉。

图 2-25

⑬姜黄粉（图2-26）

姜黄是一种大小像姜的植物根，被作为番红花的廉价替代品，有木香和泥土香。

建议用途：适用于炒饭、腌菜。

图 2-26

⑭肉豆蔻粉（图2-27）

肉豆蔻粉是肉豆蔻果实磨成的粉，闻起来有一股甜甜的香味，但尝起来却有一点淡淡的苦味，风味非常突出，能去腥除异味，并提升肉类、禽类等食材的整体醇香风味，也能作为烘烤常用的香料。

建议用途：可用于制作香肠、肉类菜肴、汤类以及腌渍食物；特别适合制作甜点心，如甜面包、蛋糕、布丁、饼干和水果派；将肉豆蔻撒在蛋酒里能使味道更加可口；在荷兰和意大利风味的炖菜中，厨师喜欢加入肉豆蔻香料。

图 2-27

⑮洋葱粉（图 2-28）

用黄洋葱制成，香气和风味浓郁，留香持久。洋葱粉应与食品原料或其他配料混合均匀后，再进行烹饪。

建议用途：适用于肉类、鱼类、海鲜类、面食制品、腌制食品、焙烤食品、汤类、调味酱等。

图 2-28

⑯马萨拉复合香辛料（图 2-29）

融合了芫荽籽、孜然、黑胡椒、豆蔻、桂皮等多种香辛料，香气怡人，风味浓郁，口感独特，可搭配多种食材，应用于各式菜肴。

建议用途：可用来烹饪各种肉类，包括牛肉、羊肉、猪肉、禽类、鱼虾等海鲜。基本用法是加入盐、酒或柠檬汁，调匀成为腌泡汁，腌渍原料，或在炖煮、焖烧食材的同时，加入进行调味。

图 2-29

（4）风味调料系列

①意大利调料（图 2-30）

味好美的意大利调料，捕捉到意大利酱汁中倍受喜爱的传统韵味。它中和了香辛料的甜味、苦味和土壤味，带来的是浓郁丰盛的混合口味。能用来烹调各种食物，与番茄菜式特别合味，从新鲜的番茄菜到汤或酱。

建议用途：可加在奶油酱或烤肉里，甚至可以加在三明治或烤面包里；适用于烹饪色拉酱、鸡肉和多种汤菜，以及制作匹萨饼、意大利面，还适用于调制淋酱、蘸料。炉烤、火灼、焖炖、煎炒皆可。

图 2-30

②玉米饼调料（墨西哥式，图 2-31）

墨西哥菜的特点是热情奔放。味好美墨西哥式玉米饼调料混合了包括洋葱和胡椒等墨西哥风格的原料，适合各种肉类的烹调。轻轻松松，就能把牛肉碎做成可口的墨西哥春卷馅料。味好美墨西哥式玉米饼调料还适于炖焖或用来煮鸡肉和做汉堡包，调出浓郁的得克萨斯—墨西哥风味。

建议用途：适用于牛肉碎，调制番茄酱。

图 2-31

③卡真调料（图 2-32）

卡真是糅合了法系加拿大、西南美洲乃至西班牙烹饪风格的独特传统风味。真正的卡真菜式的特点是：菜肴的香气是从夹杂着好几种胡椒的香味中渗溢出来的。卡真菜式的厨师把这种混合胡椒的做法视为一门手艺。

建议用途：适用于烹饪肉类、鱼类、家禽、蔬菜。

图 2-32

④蒙特利牛排调料（图 2-33）

蒙特利牛排调料，是香辣的胡椒和辣椒的结合，给牛肉和牛排菜肴添味。烧烤前将蒙特利牛排调料撒在排骨、汉堡包或者蔬菜表面。蒙特利牛排调料还可以加在色拉、土豆泥或炸薯条里，甚至撒在番茄汁、鱼或家禽类菜肴的表面。

建议用途：制作扒类、鱼酱等。

图 2-33

⑤加勒比风味海鲜调料（图 2-34）

混合香料风味，糅合红甜椒、辣椒、黑胡椒的辛辣。加勒比风味海鲜调料既适合用来烹饪海鲜，也适合用来腌渍禽肉。

建议用途：直接腌渍后，煎、烤、炖、煮均可；或配合味好美包裹料油炸；或配合味好美意大利匹萨酱 / 意大利面酱，制作匹萨、意面、烩菜、饭、汤等；或配合味好美蛋黄酱，制作色拉、汉堡、蘸酱。

图 2-34

⑥地中海风味蒜香调料（图 2-35）

味好美地中海风味蒜香调料有着蒜香、香草、奶油的混合香气，烹饪海鲜、禽肉均有上佳口味。

建议用途：直接腌渍后，煎、烤、炖、煮均可；或配合味好美包裹料油炸；或配合味好美意大利匹萨酱／意大利面酱，制作匹萨、意面、烩菜、饭、汤等；或配合味好美蛋黄酱，制作色拉、汉堡、蘸酱。

图 2-35

⑦土耳其风味调料（图 2-36）

香辣孜然风味，糅合辣椒、洋葱、黑胡椒、牛至叶的辛辣。最适合烹饪肉类，同样腌渍海鲜也有上乘美味。

建议用途：直接腌渍后，煎、烤、炖、煮均可；或配合味好美包裹料油炸，或配合味好美意大利匹萨酱／意大利面酱，制作匹萨、意面、烩菜、饭、汤等；或配合味好美蛋黄酱，制作色拉、汉堡、蘸酱。

图 2-36

⑧果木烟熏调料（图 2-37）

味好美果木烟熏调料的烟熏风味来自高大的硬木——山胡桃木和橡木，口味上接近传统的果木烟熏食品，配以胡椒、豆蔻、洋葱、丁香、大蒜、红甜椒等香辛料的混合香味，提升了肉类、禽类等食材的整体醇香风味。烹饪后，菜肴的颜色为自然的烟熏色：枣红或金黄，不含3，4-苯并芘等致癌物质，满足食品安全标准，符合当下的健康饮食趋势。味好美果木烟熏调料适合肉类、禽类、鱼类和海鲜，方法主要为烹饪前腌渍入味，用扒炉煎烤或烤箱焗烤至合适的熟度即可。这款果木烟熏调料是既适合中餐又适合西餐烹饪的新风味复合调料，比如中餐的传统名菜：樟茶鸭、烟熏鲳鱼；西餐的经典菜肴：美式烤肋排、烟熏三文鱼等。使用味好美果木烟熏调料可以省去传统的烟熏步骤；避免了采购硬木木屑等繁琐的原料准备步骤，不需要烟熏室等设备，节约了操作时间。味好美果木烟熏调料比烟熏液更适用于餐厅厨房烹饪，省去了长时间浸泡、风干等步骤，而且风味比烟熏液丰富。

建议用途：与其他酱汁、香辛料混合腌渍各种肉类、禽类，冷藏 6 小时后烹饪，扒炉煎烤 / 烤箱焗烤皆可（樟茶鸭、烟熏鲳鱼、美式烤肋排、烤鸡翅 / 鸡腿、煎牛排 / 猪排 / 羊排等）；或混合其他香辛料、蔬菜冷藏腌渍 2 小时（厚块）/ 半小时（薄片）后，冲洗去表面腌料，以扒炉煎烤、烤箱焗烤（烟熏三文鱼 / 鳕鱼 / 比目鱼等）；或混合水 / 油、盐腌渍冷藏 6 小时后，同样以扒炉煎烤、烤箱焗烤（烟熏鸡翅 / 鸭胸 / 里脊 / 牛肉等），或在以扒炉煎烤海鲜类食材时，直接撒在海鲜上即可（香烤大虾 / 青口 / 鱿鱼等）。

图 2-37

⑨椒盐（图 2-38）

主要由花椒粉与盐复合而成，常见于中餐，香麻而咸，香气浓郁。

建议用途：适用于烹饪禽肉，也可用于油炸类食物的沾食。

图 2-38

⑩五香粉（图 2-39）

是包括中国桂皮、八角、茴香籽、姜和丁香的混合调味料。其用途广泛，可用于各种肉菜的小炒，还可以用作腌料。

建议用途：适用于烹饪牛肉、禽类、蔬菜等。

图 2-39

⑪咖喱粉调料（图 2-40）

咖喱粉是一种含 15 种或更多香辛料的混合调味料，有浓郁、温和、泥土的香辛味，呈金黄色。咖喱（curry）一词可能由印度语 kari 派生而来，意为"香料"。咖喱源于印度，当地人用本地的香辛料混合出不同的咖喱。咖喱粉通常是用来覆盖其他味道的，但也可以少量使用以提高食物本色风味，如玉米面包、填料蛋、汤和酸奶油蘸料。

建议用途：适用于烹饪羊肉、牛肉、鸡肉、土豆。

图 2-40

⑫嫩肉粉（图 2-41）

用于质地老韧的肉类烹饪。使肉质嫩滑的秘诀是木瓜蛋白酶，提取自植物，食用安全。味好美的嫩肉粉不添加亚硝酸盐。应酌量添加，用量略少于正常加盐量，静置片刻（不超过 15 分钟）后烹饪，肉类鲜嫩爽滑。

建议用途：适用于烹饪猪肉、牛肉。

图 2-41

⑬柠檬咖喱盐风味调料（图 2-42）

融合了辣椒、姜黄粉、芫荽籽、孜然、黑胡椒等多种香辛料，风味浓郁丰富，其中柠檬的清新味道，带来诱人香气，形成层次分明、风味独特的口感。可搭配多种肉类，包括牛肉、猪肉、禽类和鱼虾等海鲜。

建议用途：直接在原料表面撒上调料，用来腌渍；或在煎炒过程中，直接撒入调味。

图 2-42

⑭柑橘辣椒风味调料（图 2-43）

来自于 2016 流行风味预测的优选之作，带来辣的新维度：柑橘辣椒——橘皮的清新，辣椒的激爽，香蒜的回味，美妙地碰撞出层次丰富的口感。可搭配多种食材，包括海鲜、肉类以及蔬菜等。可用于腌渍、调汁酱汁以及在烹饪过程中的随时添加。

图 2-43

3. 腌裹料

（1）炸料系列

精选多种香辛料调配而成，腌料裹料合二为一，不需腌制，现裹现炸，快速出品，通过酥脆表皮带出滋味。味好美炸料系列是快餐专业之选，根据口味需求，有香酥、脆皮香辣两种口味可供选择。

①香酥炸鸡调料（图 2-44）

鲜香酥脆。

图 2-44

②脆皮香辣炸鸡调料（图 2-45）

香辣脆爽。

图 2-45

③包裹料（图 2-46）

味好美包裹料精选优质小麦粉、香辛料调配而成，能有效保持水分，改善食物外观。将其搭配味好美腌料效果更佳。

建议用途：炸鸡翅、炸鸡腿。

图 2-46

（2）基础腌料系列

精选多种香辛料调配而成，香气风味适中，搭配味好美包裹料效果更佳。

①鲜味腌料（图 2-47）

香气适中，咸鲜适中。

图 2-47

②辣味腌料（图 2-48）

香辣咸鲜。

图 2-48

（3）经典腌料系列

精选多种香辛料调配而成，香气浓郁，风味醇厚，搭配味好美包裹料效果更佳。

①经典鲜味腌料（图 2-49）

香气浓郁，咸鲜平衡。

图 2-49

②经典辣味腌料（图 2-50）

鲜辣浓香，咸鲜平衡。

建议用法：腌渍后放入 0-4℃冰箱冷藏 12 小时以上后，以 190℃烤箱烤制食物至熟；或油炸，搭配味好美包裹粉使用，裹粉 3 层，起毛鳞片，油炸至熟即可。

图 2-50

（4）新奥尔良风味腌制料系列

源自美国经典新奥尔良风味，由多种香辛料复合而成。腌制禽肉类最佳，烤、煎均有上佳风味。有香辣和甜辣两种风味可供选择。

①新奥尔良风味腌制料（香辣风味，图 2-51）

有香辣、烟熏味的混合风味特色。

图 2-51

②新奥尔良风味腌制料（甜辣风味，图 2-52）

有微甜、辛辣、鲜香的混合风味特色。适合喜欢偏甜少辣的消费者。

建议用法：腌渍后放入 0-4℃冰箱冷藏 12 小时以上后，以 210℃烤箱烤制食物至熟；或油炸，搭配味好美包裹粉使用，裹粉 3 层，起毛鳞片，油炸至熟即可。

图 2-52

（5）特色风味腌料系列

①日式七味唐辛香辣腌料（甜辣风味，图2-53）

有辣椒、花椒、生姜等多味香辛料的香麻、鲜辣，有罗勒、芝麻、海苔、橘皮的芳香鲜美，口味饱满，层次丰富。日式料理的精致七味，丰富浓郁，轻辣，非常适合中国消费者的口味。

图2-53

②法式香蒜辣味腌料（图2-54）

有黄油烤蒜的浓郁香气，口味诱人，微辣，回味更丰富。

图2-54

③川香麻辣腌料（图2-55）

青花椒的芬芳清香，加上熟花椒的诱人浓香，香气饱满。花椒的香麻和辣椒的火辣，口味浓郁（中辣），适合大多数消费者。

图 2-55

④波斯香孜辣味腌料（图 2-56）

辣椒的火辣辛香中透出烤孜然的浓郁飘香，口味鲜明强烈。西亚烧烤的经典香孜风味（中辣），适合大多数消费者。

图 2-56

⑤印度魔鬼椒风味劲辣腌料（图 2-57）

纯正魔鬼椒的特征风味是火辣热烈，辣嘴而不呛喉，略带烟熏味、胡椒味，口味饱满，层次丰富。重辣，满足嗜辣一族的劲辣渴望。

图 2-57

⑥苹果木烟熏风味腌制料（图 2-58）

苹果木与烟熏风味的完美结合，风味独特，给食物增添诱人滋味。

图 2-58

⑦麻辣腌料（图 2-59）

有着经典的四川麻辣风味，麻与辣配比完美。青花椒芬芳清香，熟花椒浓香诱人，香气饱满，花椒的香麻、辣椒的火辣，形成浓郁的口味。

图 2-59

⑧巴西烤肉风味腌制料（图 2-60）

其概念源自巴西传统的经典调味，融合胡椒、辣椒、番茄、烧烤、香草及香辛料的混合风味，回味丰富。

建议用法：食料腌渍后放入 0-4℃冰箱冷藏 12 小时以上，入 190℃烤箱烤制；或油炸，搭配味好美包裹粉使用，裹粉 3 层，起毛鳞片，油炸至熟即可。

图 2-60

4. 甜酱

（1）顶料系列

顶料风味纯正，色泽自然，适用于为冰淇淋、甜品、冷热饮料增加花式、新口味。其光泽明亮、研磨细腻、挺立度好，不会马上塌落，特别适合于冰淇淋、甜品以及西餐摆盘的装饰。顶料瓶握持顺手、易于挤出、适用面广，有多种风味可供选择，广泛应用于冰淇淋店、甜品店、西餐厅、酒店饼房、烘焙坊。

建议用途：冰淇淋，可直接浇在表面或者混合拌匀；甜点装饰，可直接浇在甜点表面，比如花式蛋糕；甜品馅料，可加入奶油中搅拌均匀，作为蛋糕、泡芙等甜点的馅料；西餐装饰，菜肴装盘时，直接淋在盘子上，绘出美观的线条；冷热饮料，直接浇在饮料表面或者混合拌匀，比如奶昔、酸奶、奶茶等。

①朱古力顶料（图2-61）

朱古力风味纯正，香浓醇厚，入口柔滑；色泽为光亮的深棕色，不添加色素。

图 2-61

②菠萝顶料（图2-62）

菠萝清新宜人，香甜柔和，果肉丰富；色泽为成熟菠萝的浅黄色，自然诱人。

图 2-62

③草莓顶料（图2-63）

草莓颗粒清晰，芳香甜美，入口柔滑；色泽为成熟草莓的深红色，自然诱人。

图 2-63

④蓝莓顶料（图 2-64）

蓝莓香味纯正，酸甜柔和，入口柔滑；色泽为成熟蓝莓的紫色，自然诱人，不添加色素。

图 2-64

⑤芒果顶料（图 2-65）

芒果香味浓郁，香甜适口，入口柔滑；色泽为成熟芒果的橘黄色，自然诱人。

图 2-65

⑥猕猴桃顶料（图2-66）

猕猴桃的香气清爽宜人，风味酸甜爽口，入口细嫩柔滑，粒粒果籽清晰可见。

图2-66

（2）粒酱系列

粒酱色泽自然，适用于为冰淇淋、甜品、烘培类食品以及冷热饮料增加花式、新口味。其光泽适中、流动性较强、水果颗粒清晰可见（朱古力酱除外），适用于蛋糕、面包、冰淇淋、甜点，广泛应用于冰淇淋店、甜品店、快餐店、西式简餐。

①朱古力酱（图2-67）

色泽自然，稠度、流动性适中，光泽明亮，有浓郁的朱古力味。

图2-67

②菠萝粒酱（图2-68）

色泽自然，稠度、流动性适中，光泽明亮，含果粒，有浓郁的菠萝味。

图 2-68

③草莓粒酱（图 2-69）

色泽自然，稠度、流动性适中，光泽明亮，含果粒，有浓郁的草莓味。

图 2-69

④蓝莓粒酱（图 2-70）

色泽自然，稠度、流动性适中，光泽明亮，含果粒，有浓郁的蓝莓味。

图 2-70

⑤芒果粒酱（图2-71）

色泽自然，稠度、流动性适中，光泽明亮，含果粒，有浓郁的芒果味。

图2-71

⑥杯装草莓果酱（图2-72）

纯正草莓风味，滋味香甜，口感细腻，方便随时外出携带。适用于切片面包、煎饼、三明治。

图2-72

⑦杯装蓝莓果酱（图2-73）

• 成熟蓝莓特有的香气和味道。

- 酸甜适口、自然甜香。

- 随心小杯装，是绝佳的早餐伴侣。

图 2-73

（3）糖浆系列

①甜橙风味糖浆（图 2-74）

呈自然的橙色，清甜微酸，橙味浓郁，含真正果汁，口感润滑。

图 2-74

②冰镇酸梅风味糖浆（图 2-75）

原汁原味的经典酸梅汤风味，清凉酸甜，回味酸爽，口感润滑。呈自然的深褐色，含有乌梅果肉纤维和真正果汁。

图 2-75

③粒粒橙风味糖浆（图 2-76）

清甜微酸，鲜橙味浓，果肉饱满，果粒多多。呈自然的橙黄色，含真正柑橘果肉、果汁。

图 2-76

④冰糖雪梨风味糖浆（图 2-77）

来源于秋冬传统的冰糖炖雪梨，既可烹饪滋阴润肺的特色药膳，又能制作符合大众口味的甜品。清甜滋润，热饮温润。呈自然的淡米黄色，含有梨茸果肉和果汁（冲调后有悬浮及沉淀，不影响饮用）。

图 2-77

⑤橙果肉风味糖浆（图 2-78）

清甜微酸，鲜橙味浓，果肉饱满，富含果粒。呈自然的橙黄色，含真正柑橘果肉果汁。

图 2-78

5. 调味酱

①番茄沙司（小包装、袋装、罐装，图 2-79）

番茄沙司是一种"厨房外的产品"，几乎所有餐厅的餐桌上都会有，用于汉堡包、热狗、肉团、炒蛋……一般作为复合酱汁的底酱或烹饪中的调味、烹饪后的蘸食。按用途用量的不同需求，有多种规格可供选择。

建议用途：可以烹饪猪肉、鸡柳、罗宋汤等。

图 2-79

②意大利比萨酱（图 2-80）

地道、纯正的的意式底酱，适用于匹萨、意面、烩菜、酱汁……新鲜的番茄果肉，搭配精选的洋葱、大蒜、罗勒、皮萨草等香辛料，造就原汁原味的意大利风味。

建议用途：制作意大利面、匹萨。

图 2-80

③经典烧烤酱（图 2-81）

属于美式烧烤三大经典风味之一的堪萨斯城风味，风味浓郁，层次丰富，香醇柔和，结合了番茄酱的酸甜、赤砂糖与蜂蜜的香甜、菠萝的清新果味，还有适口的辛香鲜辣、浓郁的烤肉烟熏风味。呈诱人开胃的棕红色，色泽明亮，稠度略高，流动性恰当，特别适合烧烤，广泛用于西餐厅、西式简餐厅、快餐厅。适合肋排、牛排 / 牛肉、鸡翅 / 去骨鸡腿等众多食材。

建议用途：烧烤前的腌渍——让烧烤酱盖过食材表面，均匀混合后，入 0 ~ 4℃ 冷藏腌渍 4 ~ 12 小时；烧烤中的刷酱——将腌渍好的食材烤至七分熟后，边烤边刷酱 1 ~ 2 次（翻面，刷酱，再烤），刷酱的多少、次数，可根据消费者的口味喜好自行调整。烤箱焗烤、扒炉煎烤、明火串烤、铁板烧等均可；烧烤后的蘸酱——根据自己的口味浓淡，直接蘸食。

图 2-81

④辣味番茄沙司（图 2-82）

新鲜的番茄果肉与辣椒的完美融合，风味酸甜咸辣，色泽红亮诱人。

建议用途：适用于蘸食、作为复合酱汁底酱等。

图 2-82

⑤辣椒沙司（图 2-83）

具有辣椒的亮红色泽，质地平滑，较稠，具有香浓的辣椒和蒜香风味，酸甜鲜辣，能刺激味蕾，增添口感。

建议用途：适用于薯条、馒头、汉堡包、油炸食物的蘸酱。

图 2-83

⑥甜酸酱（图2-84）

口感酸酸甜甜。

建议用途：适用于薯条、馒头、汉堡包、油炸食物的蘸酱。

图 2-84

⑦黄芥末调味酱（图2-85）

这是西餐的常用调味酱，广泛用于西餐厅、西式简餐厅、快餐厅。与辣根、山葵（青芥末 wasabi）相比，芥末（mustard）的风味比较柔和，层次更丰富，有独特芳香和微苦后味，与肉类很合味。呈明亮的黄色，可提振食欲。其稠度适中，口感细腻，由真正的芥末籽细磨工艺而得。

建议用途：挤酱——适用于热狗、三明治、汉堡；蘸酱——适用于鸡柳、薯条、洋葱圈和其他小块食品的蘸酱；调汁——与其他酱料混合调味成复合风味的酱汁，用于菜肴的调味，比如芝麻芥末汁（黄芥末调味酱 / 蜂蜜芥末调味酱＋芝麻酱）；烧烤——和其他酱料、香辛料混合调味成复合风味的烧烤酱，刷在烧烤食材（猪肘 / 肋排 / 扒类）上，比如传统的烧烤酱就是由黄芥末调味酱、番茄酱、黑胡椒调和而成的。

图 2-85

⑧黑椒酱（图 2-86）

选用上等黑胡椒和多种进口西式香料、香草精心配制而成。色泽棕褐，香味浓郁，辣味醇和，鲜咸微甜酸，呈黏稠酱状。可以单独或与其他调味料混合搭配使用，调配成黑椒风味的别致酱汁。

建议用途：适用于腌渍、烹饪、蘸食等方法，能做出具有黑椒风味的中西式菜肴和食品。

图 2-86

⑨经典黑椒酱（图 2-87）

辛香适口的黑胡椒风味，配上肉香风味，整体口味醇香浓郁。色泽浓亮柔和，适合中餐的肉类烹饪、调汁。可以单独或与其他调味料混合搭配使用，调配成黑椒风味的别致酱汁。

建议用途：适用于腌渍、烹饪、蘸食等方法，能做出具有黑椒风味的中西式菜肴和食品。

图 2-87

⑩日式烧汁（图 2-88）

以特选酱油、日式清酒和精选香料配制而成。色泽褐红，酒香扑鼻、酱香浓厚，甜咸鲜醇、口感柔和，呈黏稠流汁状。选料讲究，采用上等日式味淋及头抽，口味纯正，甜度适中。可以单独或与其他调味料搭配混合使用，调配成日式酱香烧烤风味的别致酱汁。

建议用途：适用于腌渍、烹饪、烧烤、蘸食等，能做出具有日式烧烤风味的中西式菜肴和食品。

图 2-88

⑪泰式甜辣酱（图 2-89）

选用上等红辣椒、果汁和多种东南亚香草、香料精心配制而成。色泽透明鲜红，果香加蒜香，甜中带辣、酸甜咸鲜、柔和适口，呈黏稠酱状。混合纯天然菠萝汁和特制泡椒片，确保风味纯正；蒜味适中，更适合中国消费者的习惯。可以单独或与其他调味料搭配混合使用，调配成泰式甜酸风味的别致酱汁。

建议用途：适用于腌渍、烹饪、蘸食等方法，尤其适用于油炸后的蘸食，能做出泰式甜酸辣风味的菜肴和其他食品。

图 2-89

6. 乳化酱

①沙拉（色拉）酱（图 2-90）

口感幼滑，带出食物之鲜甜美味，特别适合蔬菜色拉、水果色拉。

建议用途：直接浇在食物上，拌匀即食。蔬菜、水果、生熟肉类、生熟海鲜、烧熟禽类，均可做色拉。和其他的干粉类调料、酱料混合成"风味色拉酱"，同样可用于拌色拉，或蘸食油炸食物。

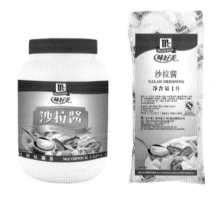

图 2-90

②千岛酱（图 2-91）

口感幼滑，酸甜可口，带出食物之鲜甜美味，特别适合蔬菜色拉、海鲜色拉。

建议用途：直接浇在食物上，拌匀即食。蔬菜、水果、生熟肉类、生熟海鲜、烧熟禽类，均可做色拉。和其他的干粉类调料、酱料混合成"风味色拉酱"，同样可用于拌色拉，或蘸食油炸食物。

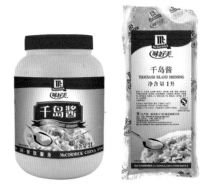

图 2-91

③蛋黄酱（图 2-92）

西餐的常规基础底酱，用于进一步调制成色拉酱。

建议用途：可用于制作汉堡、色拉、三明治、蘸酱、底酱。

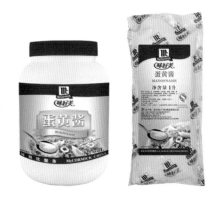

图 2-92

④香甜沙拉酱（图 2-93）

口味香甜浓郁、酱体柔滑、入口即化，口感上更符合中国食客的喜好。可用来制作各式色拉、三明治、匹萨，也可用作蘸酱，主要针对快餐、西式 / 日式餐厅、西式简餐、自助餐、中餐厅等。

图 2-93

⑤欧式奶香芝士风味沙拉酱（图 2-94）

奶香浓郁、口味醇厚，微甜微咸，回味鲜美。呈自然的芝士乳白色，柔和适口，是经典的欧洲美食风味。

建议用途：适用于汉堡，海鲜色拉，也可当蘸酱使用。

图 2-94

⑥日式新爽青芥末风味沙拉酱（图 2-95）

劲爽清新的青芥末风味，带柠檬的酸甜。呈自然的青芥末浅绿色，入口柔滑，辛辣适中，略带刺激。

建议用途：适用于汉堡、匹萨、寿司，也可当蘸酱使用。

图 2-95

⑦烘焙沙拉酱（图 2-96）

稠度稳定，色泽光亮自然，裱花美观，烘焙后定型完好。口味香甜适中，与各种咸、甜风味的面包（面团、馅料、顶料）均非常合味。口感顺滑细腻，为面包增加更丰富、更适口的口感层次。

建议用途：烘焙前，在预烤好的面包上裱上烘焙色拉酱后，放入预热至 160 ～ 200℃的烤箱，烘焙 3 ～ 5 分钟，适合热狗面包、火腿面包、培根面包、迷你匹萨等花式面包；烘焙后，在面包表面直接裱花、装饰。

图 2-96

⑧夏威夷风味沙拉酱（图 2-97）

菠萝、柠檬等清新的水果味，香甜、宜人。呈浅浅的柠檬色，口感细滑而不油腻，适合搭配清淡风味的食材。

建议用法：制作水果、蔬菜为主的色拉，或以鸡肉、海鲜为主要食材的三明治、墨西哥卷饼等。

图 2-97

⑨草莓风味沙拉酱（图 2-98）

有着草莓纯正的果味，甜美、芬芳、适口，是中国消费者最喜爱、最熟悉的浆果风味之一。呈浅粉红色，柔和、自然，口感细滑而不油腻，适合配合清淡风味的食材。

建议用途：适用于制作水果色拉、蔬菜色拉，或以禽肉、海鲜为主要食材的三明治、卷饼等冷食。

图 2-98

7. 汤底

①泰式冬阴功汤底调料（图 2-99）

源自泰国的地道风味，够劲的酸，过瘾的辣，浓郁诱人。含有二十多种优质香辛料，色泽鲜亮橙红，香气芬芳清新，风味酸辣香浓，回味鲜美绵长。

基础用法（8 分钟，3 步上汤）：

1. 按照比例将汤底溶于冷水，搅拌均匀溶解。建议比例为 1 份汤底：15 份水。

2. 加热后，放入各种食材，煮沸后，关火。期间不时搅拌。

3. 出锅时，撒上香菜叶、红椒圈等装饰，并可根据口味喜好，适量淋上椰浆。

图 2-99

②港式酸辣汤底调料（图 2-100）

陈醋的酸爽，胡椒的辛辣，汤底的鲜香，口味层层递进。

基础用法：

1. 按照比例将汤底溶于冷水，搅拌均匀溶解。建议比例为 1 份汤底：15 份水。

2. 加热后，放入香菇丝、木耳丝、笋丝等各种食材，煮沸后关火。期间不时搅拌。

图 2-100

③罗宋汤底调料（图 2-101）

番茄的鲜酸搭配融合了牛肉、洋葱等风味的汤底，味道丰富，口感顺滑。

基础用法：

1. 按照比例将汤底溶于冷水，搅拌均匀溶解。建议比例为 1 份汤底：15 份水。

2. 加热后，加入卷心菜、胡萝卜、牛肉、洋葱等，煮至食材全熟，关火。期间不时搅拌。

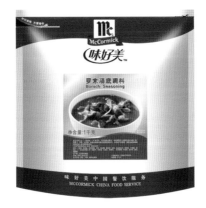

图 2-101

④鸡蓉粟米汤底调料（图 2-102）

鸡肉的鲜美滋味与玉米的香甜风味相搭配，口感浓滑。

基础用法

1. 按照比例将汤底溶于冷水，搅拌均匀溶解。建议比例为 1 份汤底 : 15 份水。

2. 加热后，加入玉米粒，打入蛋花，煮沸后，关火。期间不时搅拌。

图 2-102

⑤奶油玉米汤底调料（图 2-103）

玉米的清新香甜，搭配浓滑奶油，口感浓郁，回味丰富。

基础用法：

1. 按照比例将汤底溶于冷水，充分搅拌均匀。建议比例为 1 份汤底 :9 ～ 10 份水。

2. 加热煮沸即可，期间需不时搅动。

图 2-103

图片由美国味好美食品有限公司提供

CHAPTER 3 | 第三章
香辛料的知识

一、香辛料的定义

1. 香料

植物的种籽、萌芽、果实、花蕾，树皮、根茎部分。整粒（根）、碎粒、磨成粉末皆可使用。

2. 香草

一年生草本植物的叶子、花蕾。

3. 调料

任何可以给食物添加风味的东西。

二、 香料 / 香草的来源

按植物的利用部位，香辛料有以下 10 种不同来源。

1. 果实

如胡椒 、甘椒、八角、辣椒、小茴香、香芹籽等。

2. 叶子

如薄荷、月桂叶、鼠尾草、迷迭香、香菜、百里香、皱叶卷心菜、皮萨草、罗勒等。

3. 种籽

如芹菜籽、莳萝草籽、小豆蔻、香菜籽等。

4. 树皮

如斯里兰卡肉桂、中国肉桂等。

5. 球茎

如洋葱、大蒜等。

6. 地下茎

如姜、姜黄等。

7. 花蕾

如丁香、芸香料等。

8. 假种皮

如肉豆蔻等。

9. 果荚

如香草荚等。

10. 花蕊

如藏红花等。

三、香辛料可用于制作的食品

（1）干腌料 dry rubs

（2）调料 seasonings

（3）浇汁 glazes

（4）湿腌料 marinades

（5）饮料 beverages

（6）糖果 candies

（7）烘焙食物 baked foods

（8）酱汁 sauces

（9）汤汁 soups

（10）炖料 stews

四、香辛料使用指南

1. 香辛料的存储

（1）存放在密闭容器中，以保持长时间新鲜。

（2）保持在阴凉、干燥、避光的地方。

（3）隔热，防潮，避免阳光直射。

（4）不要把香料和香草储存在炉灶、洗碗机、洗碗池上方或窗口附近，这些地方都可能使风味和香气损失更快。

2. 香辛料的新鲜度

（1）整粒 / 整根的香辛料比磨成粉末的更能保持新鲜程度。

（2）香辛料不会腐坏，但其特有的风味、香气等会随着存放时间的增加而减弱。

（3）以下方法可用来验证香辛料是否新鲜。

●目视：颜色是否鲜亮。

●鼻闻：用手摩擦或捏碎，香气是否芳香浓郁。

●口尝：风味是否显著。

五、新鲜香辛料和干燥香辛料的优缺点

1. 新鲜香辛料

（1）优点

●气味、香气——新鲜强烈。

●外观——新鲜（烹饪前）。

●风味——释出快速。

（2）缺点

●保质期短（微生物较多，容易腐坏）。

●需要冷藏。

●需要厨房人员先行处理。

●产量低，成本高，效益低。

●价格和质量波动大。

2. 干燥香辛料

（1）优点

●保质期长。

●干燥储藏即可。

●价格和质量稳定。

●产量高，效益成本比高。

●无需厨房人员先行处理。

●微生物少，不容易腐坏。

●方便直接使用。

（2）缺点

●某些品种会损失风味。

●外观的新鲜程度受到损失。

六、香料 / 香草的烹饪

1. 粉状的香料 / 香草

●能够立即释出风味和颜色。

●应该在出锅前添加。

●代替整粒 / 整根香料和香草时，用量应减少一半。

●如果所烹饪菜肴的风味比外观更重要，应使用粉状的。

2. 整粒 / 整根或切段的香料 / 香草

●能够逐渐地释出风味和颜色。

●应该在出锅前 30 ～ 60 分钟添加。

●通常比粉状香料风味更浓烈、更稳定。

●如果所烹饪菜肴的外观相对重要，应使用整粒 / 整根或切段的。

七、常用香辛料产品信息

1. 黑胡椒和白胡椒

（1）黑胡椒

●黑胡椒是西方国家最常见的香料。

●胡椒是一种攀附在树木或树桩的藤本植物。胡椒果实还是青色、未成熟的时候采摘下来（图 3-1），经日光晒干后，颜色变为黑褐色，即成黑胡椒（图 3-2）。

图 3-1   图 3-2

●只要在密封的容器内，处于干燥、温度适宜的环境下，整粒黑胡椒可以长时间保存，甚至无限期。

● 黑胡椒的产地为巴西、印度、印度尼西亚、马来西亚、越南等。

● 黑胡椒的用途是制成腌料、复合调料、色拉酱、混合胡椒等。

● 黑胡椒因研磨程度的不同而有不同的应用：

○ 粗黑胡椒粉

菜肴外观要求有较大的可见颗粒。

○ 细黑胡椒粉

提升菜肴形象，不可见。

○ 整粒黑胡椒

新鲜研磨的最佳选择。

○ 纯黑胡椒粉

释出的风味最浓郁；菜肴外观要求颗粒不可见。

○ 黑胡椒碎

菜肴外观要求大颗粒。

● 黑胡椒在品质上对视觉、嗅觉和味觉都有要求。

○ 视觉上：

胡椒果实的大小和颜色应粒粒一致；

胡椒果实的颜色统一为深褐色至黑色；

没有霉点，没有灰尘；

整粒黑胡椒采用大粒胡椒、大小均匀，不会从研磨器底部的孔中漏出。

○嗅觉上：

香气浓郁；

闻得到木香和松香味；

采用"破裂"研磨工艺，令新鲜的胡椒香气呼之欲出。

○味觉上：

辛辣的风味，带有木香、松香的苦甘；

挥发油含量高，风味强烈而持久。

（2）白胡椒

●在日光下青色胡椒果实逐渐变成黑色。熟透的胡椒果实是红色的，用于加工成白胡椒（图3-3）。

●去掉胡椒果实的黑色外皮就是白胡椒（图3-4）。

图 3-3   图 3-4

●白胡椒的药用价值稍高一些，调味作用稍次，它的味道相对黑胡椒来说更为辛辣，因此散寒、健胃功能更强。

2. 大蒜

球茎植物有大蒜（garlic）、洋葱（onion）等。球茎植物的特点是，气味强烈刺激，以大蒜为最强。

●蒜是百合科植物，是多年生耐寒植物长出的带有楔状鳞片的球茎。

●蒜原产于亚洲中部和中国，现在的产地则包括阿根廷、美国、中国、印度等。

●大蒜按尺寸的不同，可被加工成多种形状的产品，包括颗粒、粉末和碎丁等。

●大蒜的香气强烈而辛辣。

●大蒜的种植和收获：

○生长在阳光充足、肥沃的地区；

○无性繁殖，即它不需要花和种籽来繁殖；

○可以从大蒜中选择优质蒜瓣，放到泥土中进行培植；

○大蒜球茎向地下长出长约 60 厘米的根系，从土壤中吸收营养储存到蒜瓣中；

○大蒜完整的球茎无味，切开或捣碎时会引起化学反应，散发出刺激性的风味。烹饪能阻止化学反应的发生，所以烤蒜是甜的而不是辛辣的。

●大蒜的清洁和加工：

○去除大蒜表面的灰尘、杂质与残留的茎干和外皮等；

○以机械压力辊挤压大蒜的球茎，使其蒜瓣从球茎底盘分出；

○切开干净的蒜瓣让它通过脱水机进行持续脱水，最后达到干燥的程度（全过程约需 20 小时）；

○脱水后的大蒜被加工成蒜粉。

●蒜粉在品质上对视觉、嗅觉和味觉都有要求。

○视觉上：

优质大蒜的颜色呈均一的米白色或奶白色；

没有杂质，如茎干、根和外皮等；

粉末大小均匀。

○嗅觉上：

浓郁、明显；

不刺鼻、不刺激；

有类似硫黄的气味。

○味觉上：

是葱属植物中气味最强烈的；

口味浓郁、辛辣；具有非常广泛的烹饪用途。

3. 辣椒

辣椒在口味上有极辣的、中辣的和甜味的，在颜色上有绿色的、红色的和黄色的。其中，红甜椒可加工成粉末产品，呈温和的甜味，可提取出高浓度的红色素；红辣椒则是晒干的、成熟的小红椒，常加工成辣椒粉或辣椒碎、辣椒片等。

（1）红甜椒（paprika）

● Paprika 这个词特指脱水的、磨成粉末的红甜椒产品，口味温和、微甜。

●其鲜艳的红色来自于晒干的红甜椒果荚。

●红甜椒既可用来给食物添加颜色，也可用来给食物添加味道。

●红甜椒属于小型茄科植物。

●红甜椒的主要产地有巴西、匈牙利、以色列、南非、西班牙、美国、津巴布韦等。

●红甜椒的主要品种各有特点。

○美国红甜椒（图 3-5）：

比美国以外的品种尖而大；

风味温和而甜；

植株新鲜，绿色，类似蔬菜；

研磨颗粒更细；

呈明亮、鲜艳的红色。

图 3-5

○西班牙红甜椒（图 3-6）：

果荚椭圆形、圆形、锤形都有；

椭圆形的果荚形似番茄；

是纯正的美味甜椒；

具有发酵的味道和辛辣味；

应粗研；

呈红棕色。

图 3-6

○匈牙利红甜椒：

颜色较浅；

风味明显，较以上两种更辛辣。

●红甜椒在品质上对视觉、嗅觉和味觉都有要求。

○视觉上：

颜色鲜红，适合做装饰；

采购时参照 ASTA 色阶标准，ASTA 是一个测量颜色的标准；

研磨均匀。

○嗅觉上：

香气芬芳宜人。

○味觉上：

略甜，温和，有泥土味；

风味平衡。

（2）红辣椒

●红辣椒在全世界有很多品种。

○ HABAÑERO：一般被认为是世界上最辣的辣椒；

○ JALAPEÑO：辣度为微辣～中辣，是墨西哥最普遍的辣椒；

○ CHIPOTLE：烟熏干燥的 JALAPEÑO 辣椒，有别于其他辣椒的烟熏风味；

○ SERRANO：微辣，青椒；

○ PEQUIN：小个，椭圆形或圆形，重辣，棕红色；

○ GUAJILLO：中辣，干辣椒，有非常微弱的烟熏风味；

○ POBLANO：辣度为微辣～中辣，果肩宽，风味浓郁丰富；

○ ANCHO: 干的 POBLANO 辣椒，辣度为微辣～中辣，风味浓郁；

○ ANAHEIM：暗红色，接近赤褐色，较长，较宽，顶端圆，辣度为微辣；

○ NEW MEXICO：干的 ANAHEIM 辣椒，有泥土或砖土的气味。

●红辣椒产品呈明亮的红色，不含茎干和蒂部。将其压碎或研磨成粉末，即成辣椒碎、辣椒片或辣椒粉。

●红辣椒的主要产地有中国、印度、巴基斯坦、美国、墨西哥等。

●红辣椒的用途包括肉类、海鲜、酱汁、咖喱和蔬菜的调味。

●红辣椒传统的清洁和加工方法：

○收获后，将辣椒铺在地上由日光晒干（图 3-7）；

图 3-7

○必须经常翻动，以确保均匀晒干；

○晒干通常需要 2～3 天；

○将晒干的辣椒装袋、销售。

●红辣椒粉的生产：

○红辣椒原料收获后，先进行洁净处理，保证其均一且不含杂质和污染物；

○洁净处理后立即冷藏保存，以保存色泽、防止虫害；

○加工中多次使用磁铁设备，以去除金属杂质；

○进行杀菌处理，以减少微生物污染，符合食品安全的要求；

○辣椒碎的加工流程与之类似；

●红辣椒在品质上对视觉、嗅觉和味觉都有要求。

○视觉上：

辣椒碎的目视对比最强；

最佳的颜色是明亮的橙红色至深红色，而不是棕色（因为放置时间越久，辣椒越呈棕色）；

辣椒果肉与种籽的比例适当；

辣椒碎产品大小一致，不含蒂部和茎干。

○嗅觉上：

辣椒碎的香气刺激浓烈，类似烟草味。

○味觉上：

口内和喉咙都能感受到强烈的火辣，带有花香和刺激性气味。

4. 香草

指生长在地中海国家的野生有茎干的种籽植物类，主要有罗勒（basil）、皮萨草（oregano）、香芹（parsley）、迷迭香（rosemary）、鼠尾草（sage）、百里香（thyme）等。

（1）罗勒

●罗勒的外观为灰绿色干叶，有小茎。

●罗勒原产于西亚和地中海地区，现在的主要产地为美国、埃及、法国。埃及是最大的罗勒出口国。

●法国的罗勒挥发油含量较高，呈深绿色（图3-8）。

图3-8

●罗勒可以新鲜出售，也可以冷冻出售。

●罗勒被加工成罗勒粉或罗勒叶产品，其风味类似丁香。

●罗勒在食品中的用途主要为加工番茄酱、罗勒酱（青酱）、匹萨和奶酪等。

●罗勒的种植和收获情形如下：

○罗勒属于薄荷科，有 150 多个品种；

○罗勒草是一种矮小的灌木植物，高度约为 60 厘米；

○每 4000 平方米能生产 8~10 吨的新鲜罗勒；

○冬季前，每隔 30 天，要收割 15~20 厘米的罗勒（图 3-9）；

图 3-9

○每次收割后，罗勒生长得比以前更茂密；

○罗勒很容易受虫害和沙门菌污染。

●罗勒产品在品质上对视觉、嗅觉和味觉都有要求。

○视觉上：

呈亮绿色；

叶片大小均匀；

应剔除味道发苦的茎干和芽。

○嗅觉上：

浓郁、芬芳，带有薄荷味和少许的丁香味。

○味觉上：

类似茶味，并带有青草味；

有类似干草和薄荷的风味；

略苦，稍有霉味；

挥发油含量高，风味持久。

（2）皮萨草（图3-10）

●皮萨草属薄荷科，被称为"野生甘牛至"，是盆栽马玉兰和野马玉兰的干叶，呈浅绿色或暗绿色。

图 3-10

● 皮萨草的主要产地为阿尔巴尼亚、希腊、墨西哥、摩洛哥、土耳其。

● 皮萨草的产品可以是叶片也可以是研磨而成的粉末。

● 皮萨草因产地气候和地区的不同，风味和浓烈程度有很大差异：

○ 产于炎热、干燥的地中海气候的皮萨草，香气浓郁，略有苦味和胡椒味；

○ 产于欧洲和北美凉爽地区的皮萨草，香气宜人，味道较甜。

● 皮萨草的收获、清洁及加工（传统方法）：

○ 村民收获皮萨草后，在自己院子里晒干，抛打，装入编织袋（图 3-11）；

图 3-11

○晒干后出售给当地的收购商；

○当地的收购商出售给加工商，清洁后达到中等品质（FAQ）。

●皮萨草产品在品质上对视觉、嗅觉和味觉都有要求。

○视觉上：

颜色呈浅绿色至深绿色；

不含大的茎干和其他异物；

只保留较大的叶片；

洁净，均匀。

○嗅觉上：

香气浓郁，类似薄荷醇和桉树的药香味。

○味觉上：

口感微涩，有泥土味或者霉味、青草味，以及稍有干草、药和薄荷的刺激味；

挥发油含量高，风味保持持久。

（3）香芹（图3-12）

●香芹是一种两年生耐寒香草植物的干叶，美国出产的或许是最著名、最受欢迎的香芹。

图 3-12

●香芹呈明亮而适中的深绿色，有青草和蔬菜的气味，通常被加工成香芹片。

●香芹的产地有比利时、加拿大、埃及、法国、德国、匈牙利、以色列、摩洛哥、西班牙、英国、美国等。

●香芹非常广泛地用于菜肴的装饰，酱汁、炖菜和高汤的调味。

●香芹有30多个品种，其中最受欢迎的是皱叶香芹、平叶香芹和意大利香芹。

●皱叶香芹最常用作装饰，而平叶香芹和意大利香芹因香味较浓常用作炖菜的香料包以及其他调味。

●香芹产品在品质上对视觉、嗅觉和味觉都有要求。

○视觉上：

明亮的绿色或适中的深绿色，颜色均匀；

不含大的茎干和其他杂质；

带有很少的黄色或棕色叶片；

香芹片大小均匀。

○嗅觉上：

有干净的"绿色蔬菜"的香气；

质量差的产品会有霉味、鱼腥味或过于强烈的干草气味。

○味觉上：

有青草味、蔬菜味，无苦味。

5. 复合调料

复合调料混合了香料、香草和其他配料，如盐、糖等，形成一致的新风味。

复合调料优势如下：

（1）流行：独特的风味特征会引导菜肴的趋势。

（2）省时：无需寻找专用的调料。

（3）省力：无需计量多种配料。

（4）一致：每次烹饪的菜肴风味都相同。

（5）灵活：添加其他配料，即可定制自己的独家调料。

（6）质量保证：由世界领先的香料和调味料供应商生产。

6. 种籽

植物的种籽可以为菜肴的烹饪提供风味和香气，如香芹籽（caraway）、芹菜籽（celery）、孜然（cumin）、莳萝草籽（dill seed）、小茴香（fennel）。

（1）孜然（图3-13）

●是草本植物成熟的干种籽，用于提供风味和香气。

●呈黄褐色，弧形，类似香芹籽。

图3-13

●孜然的产地有中国、印度、伊朗、巴基斯坦、叙利亚、土耳其等。

●孜然的风味类似霉味或带有青草气息的泥土味，可以制成孜然粉或作为辣椒粉和咖喱粉中的关键配料。

●孜然在西班牙和意大利菜肴中也称为 cumino 或 comino。

●孜然种籽按产地而各具品种特色：

○印度孜然

印度是世界上最大的孜然生产国和消费国；

印度孜然风味浓郁，外形好；

呈金褐色。

○巴基斯坦 / 伊朗 / 叙利亚孜然

历史上，伊朗是美国的主要供应商，但由于政治原因，美国使用了其他品种；

风味与外形与印度的孜然种籽类似。

○土耳其孜然

风味与印度的孜然种籽不同；

适用于墨西哥菜肴的烹饪。

○中国孜然

挥发油含量最高，风味最强烈。

●孜然的种植和收获：

○原产于地中海地区温暖而潮湿的气候中（图 3-14）；

图 3-14

○植株生长到 30~60 厘米高时以手工收获；

○收割后晒干、抛打以获得种籽。

●孜然的烹饪用途：

○孜然是许多菜肴中的重要调味元素，包括拉丁美洲菜肴、印度菜肴、印尼菜肴、墨西哥菜肴、中东菜肴、北非菜肴、西班牙菜肴、泰国菜肴、越南菜肴等；

○孜然还能作为辣椒粉、咖喱粉、印度什香粉、米饭、馅料、土豆、面包等烘焙甜品、禽类制品、湿腌料和酱汁的配料。

●孜然产品在品质上对视觉、嗅觉和味觉都有要求。

○视觉上：

孜然种籽呈弧形，类似香芹籽；

没有芒刺；

大小均匀，呈黄褐色。

○嗅觉上：

气味芬芳；

香气中有葡萄柚／柠檬的香味、青草味、泥土味、霉味和木香。

○味觉上：

强烈的泥土味，稍苦，有坚果风味；

挥发油含量高，风味浓烈持久。

7. 热带香料

种植于赤道南北纬度5~10°地区的香料，包括肉桂（cinnamon）、丁香（cloves）、生姜（ginger）、肉豆蔻（nutmeg）、肉豆蔻衣（mace）、姜黄（turmeric）等。

（1）肉桂

●肉桂是由一种桂树属常青树的树干内皮干制而成的。

●肉桂的产地有中国、印度尼西亚、马达加斯加、塞舌尔群岛、斯里兰卡、越南等。

●肉桂是人类最早使用的香料之一，古埃及人将它用于化妆和防腐。 它还是15和16世纪著名的欧洲大航海活动寻求的主要财富。

●肉桂呈红棕色，可被加工成肉桂条、肉桂粉（图3-15）。它可广泛应用于烘焙、水果制品以及红薯和肉类制品。

图 3-15

● 肉桂有 4 种常见品种：

○ 印度尼西亚肉桂（ korintji ）， 学名是 cinnamonum burmanni，在美国最常见；

○ 中国肉桂（广东、广西的西江流域，和广西的藤县），被称为桂皮；

○ 越南肉桂（胡志明市），学名是 cinnamonum loureirii，被认为是上等的肉桂；

○ 锡兰肉桂（斯里兰卡），学名是 cinnamonum verum，在拉丁美洲菜系中较常用。锡兰肉桂的颜色为棕褐色，风味、香气温和。

● 肉桂的等级取决于挥发油的含量。树皮越厚，挥发油含量越高。

○ A 级：树皮来自主干外层，树皮不卷曲；

○ B 级：树皮来自上部树干和较大树枝；

○ C 级（最低级）：树皮来自小树枝；

○ Vera AA 级（肉桂条）：树皮在阳光下晒干，并卷成条状 。

●肉桂的种植与收获：

○农民通常在农田的分界带，或在无法种植其他多数农作物的陡坡上种植肉桂树；

○肉桂有野生的，但大多数都是人工栽培的；

○美国主要使用印尼的肉桂品种 Korintji（图 3-16），产于苏门达腊，其名称来源于 Korintji 活火山；

图 3-16

○收获肉桂时，在树干上量好 1 米长的距离，然后将树皮剥下；

○一棵树约产 8 至 10 条肉桂树皮；

○肉桂树长到 8 至 15 年，即可收获；

○收获时，农民将整棵树砍倒，然后再剥树皮（图 3-17）。

图 3-17

●肉桂产品的质量要求如下:

○味觉上带有木香,稍有温和的果味和霉味;

○有一种"灼热"的风味,这是优质肉桂的特征;

○挥发油中的肉桂醛含量高,可以让风味更甜、更浓郁、更强烈。

味好美 "流行风味预测"，自 2000 年开启以来，至今已有 18 年的历史。它是由味好美全球的美食专家（包括主厨团队、趋势研发团队和技师团队）共同发起的对未来美食的流行趋势及原料的探索。

每年，味好美都会发布"流行风味预测"的趋势报告，其结论受到了烹饪爱好者及专业人士的广泛认可并备受推崇。从家庭烹饪到高级餐饮，从零售商到快餐食品企业，都对味好美的推荐极为珍视。

欲了解更多信息及菜谱，请登陆 www.weihaomei.com 或 www.mccormick.com.cn
您也可以关注 "味好美厨师俱乐部"微信公众号，以了解更多菜谱及风味知识

CHAPTER 4

第四章
菜肴调味 传统篇

 **01**

三味银鳕鱼

Three Tastes Cod

原料

银鳕鱼……150 克
黑鱼子酱……20 克
水萝卜……1 只
刁草……10 克
洋葱丝……20 克

芒果南瓜泥……30 克
蚕豆泥……80 克
食用花苗……适量
味好美甜酸酱……20 克
味好美番茄酱……10 克

白葡萄酒……5 毫升
日本清酒……5 毫升
味淋……5 毫升
胡椒、橄榄油……适量

准 备

银鳕鱼洗净，沥干水分后调味，加入洋葱丝、刁草、白葡萄酒，用真空袋包装并抽真空。

制 作

1. 将真空包装的银鳕鱼放入 59 摄氏度的低温机中煮熟。
2. 蚕豆泥加入日本清酒、味淋，调制成清酒蚕豆泥。
3. 甜酸酱和番茄酱混合拌匀。
4. 按图装盆，配上鱼子酱、水萝卜片，饰以刁草、食用花等。

烹饪要点

低温煮银鳕鱼要控制好时间，以刚断生为好。

低温牛柳配南瓜泥和松露黑醋汁

Low Temperature Cooked Beef Tenderloin Served with Pumpkin Puree & Truffle Balsamic Sauce

原 料

牛柳……220 克

南瓜……100 克

芦笋……1 根

西兰花……30 克

手指胡萝卜……1 根

意大利黄节瓜……20 克

孢子甘蓝……1 颗

油浸番茄……1 只

食用花草……适量

黄油……30 克

松露黑醋汁……10 毫升

盐、胡椒、橄榄油……适量

准 备

牛柳去筋膜改刀腌渍。

制 作

1. 将牛柳抽真空密封后放入 60 摄氏度低温机慢煮 45 分钟。

2. 意大利黑醋浓缩加入新鲜黑松露碎。

3. 南瓜烤过后过筛拌奶油制成南瓜泥。

4. 各式蔬菜用黄油、鸡汤煮熟。

5. 南瓜泥在盘中铺底，接着按图装盘，饰以松露黑醋汁和食用花草。

烹饪要点

低温煮的牛柳从低温机中取出后应迅速封煎。

香煎鹅肝配芒果蔓越莓沙司

Pan-fried Goose Liver with Mango & Cranberry Sauce

原 料

鹅肝……40 克
新鲜芒果……20 克
什锦生菜……3 克

蔓越莓酱……4 克
面粉……5 克
味好美洋葱粉……2 克

浓缩黑醋……1 毫升
盐、胡椒、橄榄油……适量

准 备

新鲜芒果开片去皮，用模具取出所需形状。

制 作

1. 开片鹅肝撒上盐、胡椒、洋葱粉，拍上少许面粉，入锅煎至两面金黄，取出备用。
2. 盘子上刷蔓越莓酱依次叠上芒果、鹅肝、生菜，淋上少许浓缩黑醋，并适当装饰。

烹饪要点

鹅肝是种肥美的食材，煎制的时候一定要用旺火快速封煎，以免油脂过多溢出。

煎牛菲力配蔬菜色拉

Pan-fried Filet Steak Served with Vegetable Salad

原 料

牛菲力……120 克
玉兰菜……5 克
混合生菜……5 克
水萝卜……1 只

罗勒……2 克
番茄莎莎……30 克
黄瓜花苗……2 根
味好美黑胡椒粉……1 克

味好美经典烧烤酱……2 克
浓缩黑醋……1 毫升
盐、橄榄油……适量

准 备

牛菲力用烧烤酱、黑胡椒粉、盐腌渍备用。

制 作

1. 将牛菲力煎至两面呈金黄色。
2. 玉兰菜对半切开，撒上少许味好美黑胡椒，入锅内快速油煎。
3. 将牛菲力、玉兰菜、混合生菜、切片水萝卜、黄瓜花苗、罗勒等按图装盘，在牛排上淋上番茄莎莎，在蔬菜上淋上少许浓缩黑醋。

烹饪要点

牛菲力腌渍时间不宜过长。

香煎牛西冷配迷迭香巧克力沙司

Pan-fried Sirloin Steak Served with Rosemary Chocolate Sauce

原 料

西冷牛排……180 克 紫薯……20 克 味好美迷迭香叶……3 克
芦笋……1 根 野米……30 克 牛肉汁……5 毫升
玉米笋……1 根 苦巧克力……10 克 金酒……2 毫升
小番茄……1 只 食用花苗……适量 盐、胡椒、橄榄油……适量
手指胡萝卜……1 根 味好美蒙特利牛排调料……4 克
花菜泥……20 克

准 备

西冷牛排用味好美蒙特利牛排调料腌渍。

制 作

1. 味好美迷迭香叶加入金酒、苦巧克力和牛肉汁，一起熬成酱汁。
2. 将腌渍好的西冷牛排煎至七成熟。
3. 野米煮熟，紫薯蒸熟，芦笋等其他蔬菜焯水调味。
4. 按图装盘，淋上酱汁。

烹饪要点

熬制巧克力酱汁时注意火候，恰当地控制其厚薄。

香烤羊排配菌菇烩饭

Baked Lamb Chop Served with Mushroom Risotto

原 料

羊排……170 克
香菜……20 克
迷迭香……5 克
百里香……3 克
欧芹……10 克
意大利米……30 克

什锦蔬菜丁……10 克
大藏芥末……2 克
什锦菌菇……30 克
黄油……20 克
味好美黑胡椒粉……4 克
味好美蒜头粉……2 克

味好美番茄酱……10 克
味好美罗勒叶……2 克
味好美黑胡椒粉……3 克
牛肉汁……30 毫升
菌菇汤……20 毫升
盐、橄榄油……适量

准 备

将羊排修整改刀。

制 作

1. 什锦蔬菜炒香，加入番茄酱、罗勒叶等调味。
2. 香菜、迷迭香、百里香、欧芹、黑胡椒、蒜头粉与黄油一起打匀，制成香菜酱。
3. 意大利米加入什锦菌菇和菌菇汤煮到八分熟。
4. 羊排煎至五成熟，表面涂抹大藏芥末、香菜酱，入烤箱烤至七成熟。
5. 按图装盘。

烹饪要点

羊排煎至五成熟左右再抹上大藏芥末、香菜酱进行烤制，保持香菜酱的绿色。

双色三文鱼鞑靼配牛油果酸奶柠檬酱

Double Color Salmon Tata Served with Avocado, Yogurt &Lemon Sauce

原 料

新鲜三文鱼······120 克
牛油果······1 只
鱼子酱······10 克

食用花草······适量
烟熏木······适量
红菜头汁······100 毫升

自制酸奶 50······毫升
柠檬汁······3 毫升
盐、胡椒、橄榄油······适量

准 备

新鲜三文鱼改刀，一半烟熏，一半用红菜头汁腌渍，制成双色三文鱼。

制 作

1. 将双色三文鱼分别切成小粒。
2. 再将牛油果去皮去核切成小粒。
3. 将切好的三文鱼用橄榄油、盐、胡椒调味拌匀。牛油果也按上述方式调味拌匀，加上柠檬汁。
4. 自制酸奶加少许柠檬汁调味制成酸奶汁。
5. 按图装盘。

烹饪要点

烟熏过程中注意密封。

香煎澳带配香橙胡萝卜泥
Fried Scallops Served with Orange & Carrot Puree

原 料

澳带……120 克   水萝卜……1 只   胡萝卜南瓜汁……50 毫升
红黄节瓜……30 克   秋葵……1 颗   白葡萄酒……30 毫升
手指胡萝卜……1 根   各式食用花……适量   盐、胡椒、橄榄油……适量

准 备

澳带洗净备用。

制 作

1. 将澳带用盐、胡椒、柠檬汁腌渍 5 分钟。
2. 锅烧热后放入橄榄油，将腌渍好的澳带放入锅中煎至七分熟备用。
3. 各式蔬菜用橄榄油炒熟，用盐、胡椒调味。
4. 按图摆盘，配上胡萝卜南瓜汁，以各式食用花卉装饰。

烹饪要点

澳带两面煎上色即可。

烤法式香草羊排

Roast French Vanilla Scented Lamb Chops

原 料

羊肋骨……180 克
百里香……5 克
迷迭香……5 克
法式黄芥末……20 克

荷兰芹……5 克
烘干吐司……2 片
黄油……10 克
食用花草……适量

浓缩黑醋汁……30 毫升
红酒……30 毫升
盐、胡椒、橄榄油……适量

准 备

羊肋骨改刀用盐、胡椒、红酒腌渍。

制 作

1. 将烘干吐司、黄油、荷兰芹、百里香、迷迭香一起打碎，制成香草粉。
2. 用橄榄油将羊排煎至金黄。
3. 涂上法式黄芥末，裹上香草粉。
4. 烤箱预热至 180 摄氏度，将裹上香草粉的羊排放入烤箱，烤 7 分钟左右取出。
5. 按图装盘。

烹饪要点

香草粉尽量裹得厚薄均匀。

煎海鲈鱼配芦笋及柠檬奶油汁

Pan-fried Sea Bass with Asparagus & Lemon Cream Sauce

原料

海鲈鱼……180 克　　　手指胡萝卜……10 克　　　墨鱼汁……2 毫升
芦笋……3 根　　　　　香菜……2 克　　　　　奶油柠檬汁……50 毫升
九层塔……10 克　　　　面粉……10 克　　　　盐、胡椒、橄榄油……适量
秋葵……5 克　　　　　食用花草……适量

准 备

海鲈鱼改刀，用盐、胡椒、柠檬汁腌渍。

制 作

1. 墨鱼汁用水、橄榄油、面粉搅拌，入模具烘烤，制成墨鱼汁珊瑚片。
2. 海鲈鱼用慢火煎至金黄。
3. 九层塔、秋葵、手指胡萝卜、芦笋焯水后，用橄榄油翻炒并调味。
4. 奶油柠檬汁加热。
5. 按图装盘。

烹饪要点

奶油柠檬汁以加热到 90 摄氏度为宜。

煎羊排配法式炖菜和香橙南瓜汁

Pan-fried French Lamb Chops Served with French Stew & Orange Pumpkin Sauce

原料

羊排……150 克
绿节瓜……15 克
黄节瓜……15 克
玉米笋……6 克
碎叶生菜……5 克
樱桃番茄……6 克
荷兰豆……3 克

罗勒叶……15 克
面包糠……15 克
甜橙……2 只
南瓜……50 克
番茄酱……10 克
甜椒酱……10 克

味好美特级红甜椒粉
……10 克
味好美蒜粉……5 克
味好美黑胡椒粉……3 克
鸡汤……20 毫升
奶油……5 毫升
盐……适量

准 备

羊排撒上黑胡椒粉、特级红甜椒粉、蒜粉、盐调味腌渍 1.5 小时后，包裹上罗勒叶与甜椒酱。

制 作

1. 将腌渍好并裹上罗勒叶和甜椒酱的法式羊排烤熟。
2. 彩椒切丁加番茄酱翻炒，放入黑胡椒粉、细盐、特级红甜椒粉调味，制成法式炖菜。
3. 玉米笋、荷兰豆焯水后翻炒并调味。
4. 盘子中依次摆放上羊排、法式炖菜等。
5. 甜橙和南瓜切块，炒熟后放入鸡汤煮熟，加入奶油用搅拌机打碎成香橙南瓜汁。
6. 按图摆盘，以食用花草装饰。

烹饪要点

羊肉有较重的膻味，烤制前需进行充分的腌渍。

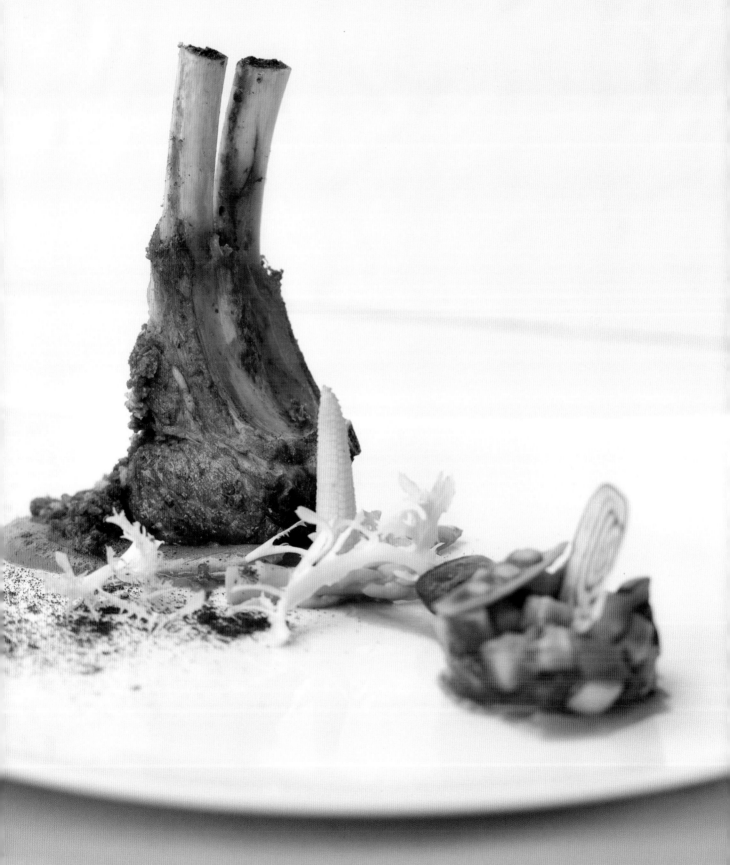

煎烤牛菲力配龙虾汁

Pan-fried Filet Steak Served with Lobster Sauce

原 料

牛菲力……150 克
土豆泥……80 克
红圆椒……1 只
西兰花……30 克

刁草……5 克
百里香……5 克
洋葱碎……20 克
食用花……适量

龙虾汁……50 毫升
红酒……50 毫升
盐、胡椒、橄榄油……适量

准 备

将牛菲力改刀成形，用盐、胡椒、百里香腌渍。

制 作

1. 将腌渍好的牛菲力用旺火两面煎上色，撒上洋葱碎，喷上红酒，放入 275 摄氏度的烤箱烤 5 分钟，至五分熟。
2. 西兰花焯水调味。
3. 红圆椒用喷火枪炙烤至其皮焦，然后剥去表皮，用盐、胡椒、橄榄油腌渍。
4. 龙虾汁加热后刷在盆底，依次放上牛肉、土豆泥，按图配上蔬菜、刁草等。

烹饪要点

用配汁煨低温煮的牛肉时一定要控制好时间，过短不入味，过长则影响口感。

生渍真鲷鱼佐橙肉

Pickled Red Porgy Served with Orange Flesh

原 料

真鲷……1 条
芫茜碎……10 克
刁草碎……5 克

甜橙……1 只
蒜末……5 克
食用花苗……适量

柠檬汁……50 毫升
白兰地……10 毫升
盐、胡椒、橄榄油……适量

准 备

真鲷鱼去骨去皮备用。

制 作

1. 真鲷鱼用芫茜碎、刁草碎、蒜末、柠檬汁、白兰地、盐、胡椒、橄榄油腌渍 2 小时。
2. 将腌渍好的真鲷鱼改刀成片。
3. 按图摆放真鲷鱼片，上置甜橙肉及食用花苗等。

烹饪要点

真鲷鱼的腌渍要控制好时间，过短不入味，过久则影响肉质。

碳烤西班牙红虾配茴香色拉

Carbon baked Spanish Red Shrimp Served with Aniseed Salad

原 料

西班牙红虾……2 只
茴香头……30 克
芦笋……2 根

牛血叶……5 片
甜豆仁……20 克
罗马花椰菜……30 克

味好美色拉酱……50 克
盐、胡椒、橄榄油……适量

准 备

红虾洗净后入碳烤炉烤熟。

制 作

1. 芦笋、茴香头切薄片焯水后放入冰水冰镇。
2. 罗马花椰菜、甜豆仁同样焯水后冰镇。
3. 将上述冰镇后的蔬菜放入锅中，加盐、胡椒调味。
4. 按图装盘，饰以茴香头、牛血叶和色拉酱。

烹饪要点

虾放入碳烤炉烤至两面上色，中间微软。

香煎梭鲈鱼配八爪鱼片

Pan-fried Zanderfisch Served with Octopus Fillet

原 料

梭鲈鱼……200 克

八爪鱼……100 克

黄节瓜……30 克

绿节瓜……30 克

番茄……100 克

黄瓜……20 克

橙……1 只

香叶……1 片

迷你小黄瓜……20 克

迷你红菜头……50 克

甜豆……5 克

迷你紫萝卜……20 克

黄瓜花……适量

盐、胡椒、橄榄油……适量

准 备

蔬菜洗净去皮，梭鲈鱼整理后调味。

制 作

1. 八爪鱼加白胡椒粒、香叶煮熟。
2. 橙榨汁，调味并加黄油。
3. 节瓜切小粒炒熟。
4. 番茄去皮去籽，煮制成泥，加盐、糖调味，拌入炒好的节瓜粒。
5. 梭鲈鱼煎熟。
6. 甜豆煮熟，打成泥。
7. 梭鲈鱼铺上番茄泥节瓜粒与刨片的八爪鱼，按图配上迷你小黄瓜、迷你红菜头、迷你紫萝卜片、黄瓜花等。

烹饪要点

煎梭鲈鱼先煎有皮的一面，用小火把皮煎脆。

香煎鳕鱼配开心果碎与橙味胡萝卜汁

Pan-fried Cod Served with Pistachio Powder & Carrot Orange Juice

原 料

银鳕鱼……200 克
绿节瓜……20 克
黄节瓜……20 克
胡萝卜……60 克

迷你小胡萝卜……20 克
迷你小黄萝卜……20 克
橙……1 只

开心果……10 克
黄油……20 克
盐、胡椒橄榄油……适量

准 备

蔬菜洗净去皮，银鳕鱼用盐、胡椒调味。

制 作

1. 将银鳕鱼两面煎上色，放入 270 摄氏度的烤箱烤熟。
2. 胡萝卜与橙一同榨汁，加黄油、盐、胡椒调味，制成混合果汁。
3. 将胡萝卜、黄节瓜、绿节瓜，用挖球器挖成小球，开水烫熟，用黄油、盐、胡椒调味。
4. 按图摆盘，配上迷你小胡萝卜片，撒上开心果碎。

烹饪要点

银鳕鱼两面要煎至金黄色，烤至刚断生为好，以保持鱼肉中的水分。

樱桃鹅肝酱

Cherry Foie Gras

原 料

鹅肝……1 只
红菜头粉……8 克
卡拉胶……3 克

糖粉……5 克
吐司片……2 片
食用花……适量

白兰地……5 毫升
牛奶……200 毫升
盐、胡椒……适量

准 备

鹅肝用牛奶浸泡一晚，去筋，用盐、胡椒、白兰地腌渍。

制 作

1. 清水 150 毫升加 8 克红菜头粉和 3 克卡拉胶加热，制成红菜头水。
2. 将腌渍好的鹅肝放入模具中压紧，冷冻 10 分钟后脱模取出。
3. 将脱模的鹅肝取出插上樱桃枝，放入红菜头水中 10 秒，拿出即可成形。
4. 吐司片两面烤成金黄色，用模具制成圆形。
5. 盆中撒上糖分，按图依次装盘，饰以食用花。

烹饪要点

制红菜头水要严格按照配比，否则樱桃鹅肝不宜结壳成形。

地中海风味海鲜煲

Mediterranean Flavor Seafood in Clay Pot

原 料

鳕鱼……50 克
扇贝……20 克
龙虾钳肉……30 克
孢子甘蓝……2 只
红菜头……20 克

洋葱碎……10 克
芦笋……10 克
西兰花……10 克
青柠檬汁……3 克
食用花草……适量

味好美地中海风味蒜香调料
……5 克
白葡萄酒……10 毫升
鱼汤……100 毫升
盐、胡椒、橄榄油……适量

准 备

鳕鱼、扇贝、龙虾钳肉用盐、胡椒、青柠檬汁腌渍。

制 作

1. 将腌渍好的鳕鱼、扇贝分别煎上色。
2. 西兰花、芦笋、红菜头分别焯水。
3. 洋葱碎炒香后加入鱼汤与白葡萄酒，放入煲中，与煎上色的鳕鱼、扇贝和龙虾钳肉，及各种蔬菜一起炖煮，并以味好美地中海风味蒜香调料调味。

烹饪要点

慢火炖煮时应时常翻动，但注意不要将海鲜食材搅碎而影响美观。

西班牙煎鱼柳配香炒小鱿鱼

Spanish Pan-fried Fish Fillet with Sautéed Squid

原 料

笋壳鱼……120 克
鱿鱼……60 克
洋葱丁……20 克

番茄丁……20 克
芹菜丁……20 克
藏红花……1 克

海鲜汁……200 毫升
盐、黑胡椒、黄油、橄榄油
……适量

准 备

鱿鱼洗净改花刀；笋壳鱼去皮调味。

制 作

1. 笋壳鱼用黄油煎上色。
2. 鱿鱼切成圈，加洋葱、番茄、芹菜丁，在炒锅中炒熟并调味。
3. 把藏红花和海鲜汁调制成红花海鲜沙司。
4. 按图摆盘。

烹饪要点

鱿鱼炒制以刚断生为好。

McCORMICK

Flavor Forecast 2017

Taste it Forward

味好美"流行风味预测"，自 2000 年开启以来，至今已有 18 年的历史。它是由味好美全球的美食专家（包括主厨团队、趋势研发团队和技师团队）共同发起的对未来美食的流行趋势及原料的探索。

每年，味好美都会发布"流行风味预测"的趋势报告，其结论受到了烹饪爱好者及专业人士的广泛认可并备受推崇。从家庭烹饪到高级餐饮，从零售商到快餐食品企业，都对味好美的推荐极为珍视。

欲了解更多信息及菜谱,请登陆 www.weihaomei.com 或 www.mccormick.com.cn
您也可以关注"味好美厨师俱乐部"微信公众号,以了解更多菜谱及风味知识

CHAPTER 5 | 第五章
菜肴调味 创新篇

鳕鱼配澳带佐龙井青豆泥

Steamed Cod & Fried Scallop Served with Longjing Green Bean Puree

原 料

鳕鱼……50 克
澳带……1 只
龙井茶叶……5 克
青豆泥……100 克

有机花菜……20 克
西柚……1 只
刁草……10 克

食用花……适量
白葡萄酒……5 毫升
胡椒、橄榄油……适量

准 备

澳带、鳕鱼洗净，沥干水分后调味。

制 作

1. 鳕鱼与澳带淋上白葡萄酒后放入万能蒸烤箱中蒸 2 分钟。
2. 龙井茶叶用 80 摄氏度的水温冲泡，取其第二泡，与青豆泥拌匀后制成龙井青豆泥。
3. 有机花菜改刀成片，在煎盘中两面煎上色并调味。
4. 西柚去皮取瓤改刀成粒，按图装盆，饰以刁草、食用花等。

烹饪要点

蒸制鳕鱼与澳带的时间不宜过久，以免影响其鲜嫩的口感。

双味海鲜配辣根泥

Double Flavor Seafood Served with Horseradish Puree

原 料

澳带……1 只
鱿鱼……1 条
辣根泥……50 克
黑鱼子酱……30 克
意大利米……50 克
藏红花……3 克

洋葱……30 克
蒜泥……10 克
味好美柑橘辣椒风味调料
……10 克
味好美仁当咖喱粉……5 克

白葡萄酒……5 毫升
鸡汤……50 毫升
食用花草……适量
橄榄油、黄油、盐和胡椒
……适量

准 备

澳带、鱿鱼洗净改刀。

制 作

1. 澳带用柑橘辣椒风味调料、白葡萄酒、盐和胡椒腌渍 20 分钟；鱿鱼用仁当咖喱粉、白葡萄酒、盐和胡椒腌渍 20 分钟。
2. 将澳带煎熟。
3. 鱿鱼焯水后酿入用藏红花、鸡汤等煮制的意大利饭，并以旺火煎上色。
4. 按图装盆，配辣根泥，饰以黑鱼子酱、食用花草等。

烹饪要点

海鲜完成烹制后应迅速装盆上菜，以免冷却后产生腥味。

低温煮龙虾配香槟南瓜汁

Low Temperature Cooked Lobster Served with Champagne Pumpkin Sauce

原 料

波士顿龙虾……1 只　　　无花果……1 只　　　食用花草……适量
紫薯泥……150 克　　　黄油……30 克　　　柠檬汁……10 毫升
手指胡萝卜……10 克　　　南瓜泥……20 克　　　香槟酒……30 毫升
意大利节瓜……5 克　　　奶油沙司……10 克　　　盐、胡椒……适量

准 备

龙虾去壳用盐、胡椒腌渍后放入真空袋，抽真空。

制 作

1. 将装有龙虾的真空袋放入 65 摄氏度的水中慢煮 13 分钟。
2. 龙虾取出用黄油将其表面煎上色。
3. 将南瓜泥用香槟酒、黄油等搅拌并调味，制成香槟南瓜汁。
4. 手指胡萝卜、节瓜片焯水调味。
5. 按图摆盘，饰以奶油沙司、无花果和食用花草等。

烹饪要点

低温煮龙虾一定要严格控制温度与时间。

牛肉春卷配荠菜牛肉南瓜饼和上汤草菇

Beef Spring Rolls Served with Shepherd's Purse Beef Pumpkin Pie & Straw Mushroom

原 料

意大利面皮 ......1 张
牛腿肉 ......50 克
荠菜 ......50 克
牛肉碎 ......50 克

南瓜粉 ......100 克
面粉 ......50 克
草菇 ......1 个
酱油 ......10 克

黄酒 ......10 克
辣椒粉 ......5 克
盐、糖、胡椒粉 ...... 适量

准 备

牛腿肉洗净去血水。

制 作

1. 牛腿肉煮熟，一半切碎，另一半撕成牛肉丝放入盐、胡椒、黄酒、酱油、辣椒粉拌匀。
2. 意大利面皮煮熟后冷却，包入牛肉丝，卷成条状切块。
3. 荠菜焯水，切碎和牛肉碎拌在一起，加入盐、糖、胡椒粉、黄油、酱油搅拌，即成牛肉荠菜馅。
4. 南瓜粉、面粉加水搅拌均匀制成皮，包入牛肉荠菜馅，将其压成长方条，切块备用。
5. 草菇洗净放入上汤中煨至入味。
6. 按图摆盘。

烹饪要点

牛腿肉应煮透至酥烂。

淡水龙虾配蜂蜜芥末汁

Crawfish Served with Honey Mustard Juice

原 料

淡水龙虾……6 只
芦笋……2 根
羊肚菌……2 颗

土豆泥……15 克
食用花草……适量
蜂蜜芥末汁……100 毫升

鸡汤……500 毫升
盐、胡椒……适量

准 备

淡水龙虾去头、去沙筋。

制 作

1. 淡水龙虾洗净，焯水去掉头和壳，取肉放在鸡汤中浸泡入味。
2. 将浸泡入味的淡水龙虾肉取出，用盐、柠檬汁、橄榄油调味。
3. 芦笋头、羊肚菌焯水用鸡汤浸泡入味，捞出用冰块冰镇至冷，加入盐、橄榄油调味。
4. 如图所示将蜂蜜芥末汁倒在盘底，依次放入淡水龙虾、芦笋、羊肚菌、小蘑菇、土豆泥，并点缀食用花草。

烹饪要点

龙虾肉浸泡入鸡汤前可先用冰块冰镇 15 分钟，以保证肉质的弹性。

低温三文鱼配酸奶辣根酱

Low Temperature Cooked Salmon Served with Yogurt Horseradish Sauce

原 料

三文鱼……120 克
鱼子酱……10 克
水萝卜……1 只
刁草……2 克

香橙干片……1 片
酸奶……50 克
辣根……30 克

食用花……适量
白兰地……3 毫升
盐、胡椒、橄榄油……适量

准 备

将三文鱼用盐、胡椒、橄榄油、刁草腌渍后放入真空袋内，抽真空包装。

制 作

1. 将真空包装的三文鱼放入水温为 56 摄氏度的低温机内慢煮 40 分钟。
2. 酸奶加入辣根、白兰地充分搅拌，制成酸奶辣根酱。
3. 按图装盆，饰以香橙干片和食用花等。

烹饪要点

低温煮三文鱼一定要准确把握时间和温度。

 # 柑橘辣椒风味膏蟹色拉

Green Crab Salad in Citrus Chili Flavor

原 料

膏蟹……1只
鸽蛋……1只
西芹粒……30克
苹果粒……30克

洋葱碎……10克
卵磷脂……5克
芫茜……5克
蛋黄酱……30克

味好美黑胡椒粒……2粒
味好美柑橘辣椒调料……5克
盐、胡椒、橄榄油……适量

准 备

膏蟹洗净备用。

制 作

1. 将洗净的膏蟹隔水蒸熟。
2. 蒸熟的膏蟹取出整块钳肉，用盐、胡椒、橄榄油调味。
3. 拆出蟹肉加入西芹粒、苹果粒、洋葱碎，和蛋黄酱一同拌匀制成蟹肉色拉。
4. 蟹肉色拉填入蟹壳，上置鸽蛋黄。
5. 鸽蛋的蛋清加卵磷脂打成泡沫后，按图装盆，饰以黑花椒粒、芫茜等。

烹饪要点

膏蟹清洗后要盖严蟹壳，以免蒸蟹时水滴直接滴在蟹肉上，影响其肉质。

卡真蟹肉饼配烤菌菇芝士美乃滋

Cajun Crab Cake Served with Fungus Mushroom Cheese Mayonnaise

原 料

蟹肉……400 克
扇贝……100 克
洋葱碎……60 克
胡萝卜粒……60 克

杏鲍菇……1 根
迷你西兰花……1 根
欧芹碎……10 克
味好美蒙特利牛排调料
……3 克

味好美欧式奶香芝士风味
色拉酱……200 克
味好美卡真调料……10 克
盐、胡椒、橄榄油……适量

准 备

扇贝去壳取肉并洗净、切碎。

制 作

1. 将蟹肉、扇贝肉、洋葱碎、胡萝卜粒、味好美卡真调料和味好美欧式奶香芝士风味色拉酱拌匀，做成蟹肉饼，表面裹上面包糠。
2. 杏鲍菇顺长切成薄片，撒上味好美蒙特利牛排调料和橄榄油，放入 260 摄氏度烤箱烤熟待用。
3. 将做好的蟹肉饼，放入烤箱烘烤至上色，取出撒上欧芹碎。
4. 迷你西兰花烫熟并调味。
5. 按图装盘，配上杏鲍菇片、迷你西兰花，饰以味好美欧式奶香芝士风味色拉酱。

烹饪要点

阿拉斯加当地餐馆在制作蟹肉饼时一般都加入一定比例的扇贝肉，利用其弹性让口感更丰满。

蟹肉南瓜汤

Crab Meat Pumpkin Soup

原 料

南瓜……500 克　　　　节瓜丁……5 克　　　　鸡汤……100 毫升
蟹肉……50 克　　　　蒔萝草碎……2 克　　　　牛奶……10 毫升
彩椒丁……20 克　　　　豆蔻粉……2 克　　　　盐、胡椒、橄榄油……适量
茴香根丁……5 克　　　　奶油……20 毫升

准 备

南瓜蒸熟去皮备用。

制 作

1. 蒸熟的南瓜加入鸡汤煮烂，用粉碎机粉碎，加入奶油，用盐、豆蔻粉、胡椒调味，制成奶油南瓜汤。
2. 将蟹肉和彩椒丁、茴香根丁、节瓜丁、蒔萝草碎炒香调味。
3. 牛奶打成奶泡。
4. 按图装盘，倒入奶油南瓜汤。

烹饪要点

奶泡要在上盆前打，以保持其形态。

香煎鹅肝佐红酒酱

Pan-fried Goose Liver Served with Red Wine Sauce

原 料

法式鹅肝……60 克　　　手指胡萝卜……1 根　　　红酒……200 毫升

孢子甘蓝……3 颗　　　干葱碎……5 克　　　盐、糖、胡椒……适量

比利时生菜……3 片　　　味好美蓝莓顶料……50 克

准 备

红酒、糖、蓝莓顶料一起煮至浓稠，制成红酒酱。

制 作

1. 鹅肝用盐、胡椒腌渍后轻煎上色，放入烤箱烤 3 分钟。
2. 孢子甘蓝和比利时生菜洗净后用手撕成片，手指胡萝卜切薄片。
3. 孢子甘蓝与手指胡萝卜片加干葱碎炒香并调味。
4. 盘中淋入红酒酱，按图装盘。

烹饪要点

鹅肝应现做现吃，以免煎好的鹅肝渗油。

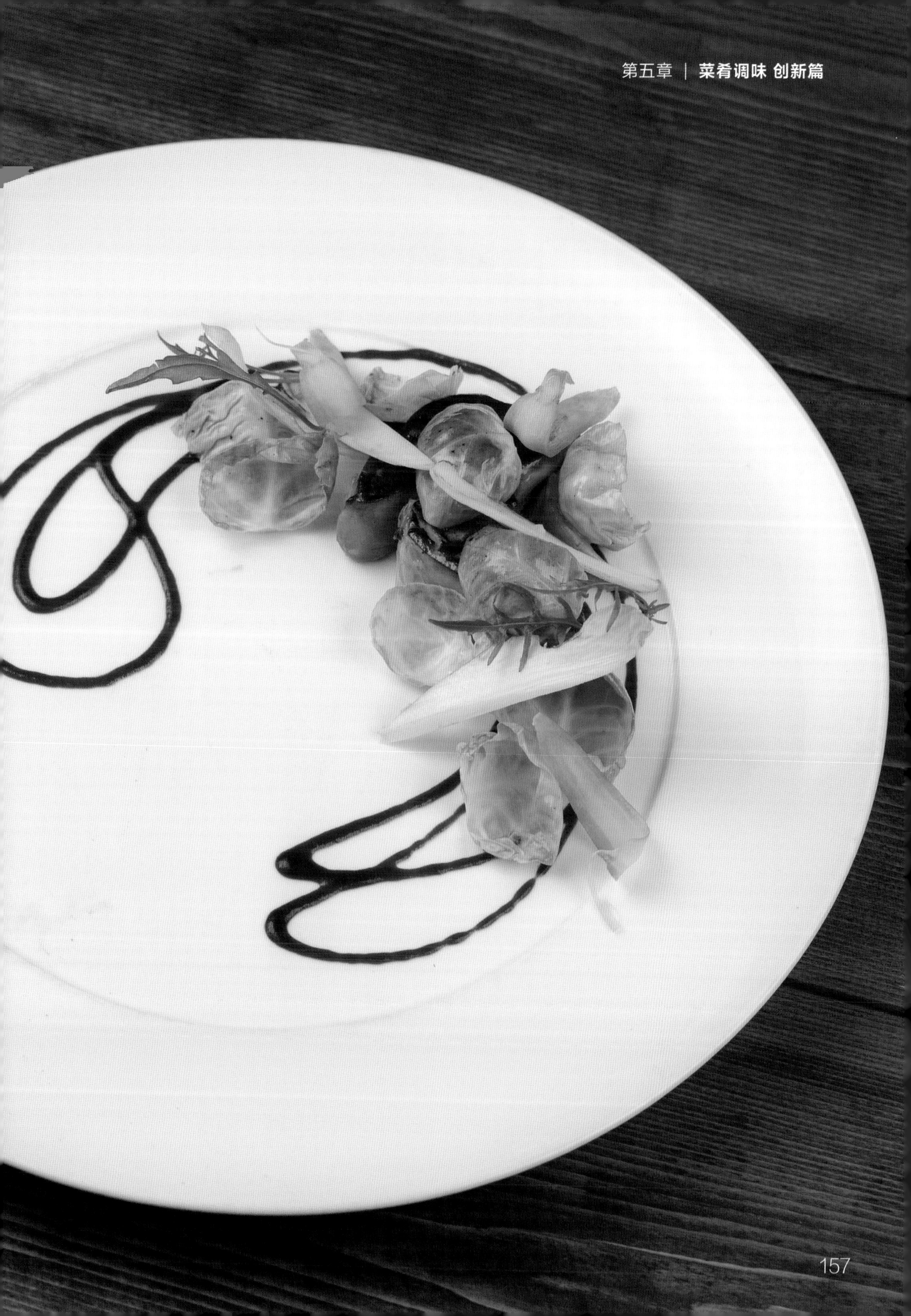

鳕鱼明虾配加勒比海风味莎莎

Pan-fried Cod Fish & Prawns Served with Caribbean Flavor Salsa

原 料

银鳕鱼……140 克
明虾……1 只
青豆泥……30 克
芦笋……1 根
双色节瓜……4 克
辣椒……5 克

红圆椒……10 克
青圆椒……10 克
黄圆椒……10 克
香菜……2 克
洋葱……5 克
味好美辣椒粉……1 克

味好美加勒比风味海鲜调料
……3 克
味好美卡真粉……2 克
味好美白胡椒粉……2 克
盐、橄榄油……适量

准 备

银鳕鱼、明虾用味好美加勒比风味海鲜调料、白胡椒粉腌渍。

制 作

1. 将腌渍好的鱼肉与明虾煎至金黄色。
2. 红圆椒、青圆椒、黄圆椒、香菜、洋葱切小丁，加入辣椒粉、卡真粉、橄榄油、盐，制成加勒比海风味莎莎。
3. 按图装盘，淋上加勒比海风味莎莎。

烹饪要点

明虾与鳕鱼应该分别煎制。

炒扇贝配墨鱼汁花菜泥与墨鱼汁土豆脆片

Fried Scallop Served with Squid Ink Cauliflower
Puree & Squid Ink Potato Chip

原 料

贝肉……100 克
甜豆……10 克
花菜……150 克
小土豆……60 克

墨鱼汁……20 克
黄油……20 克
橙……1 只
红菜头……1 只

食用花适量
牛奶……150 毫升
奶油……30 克
盐、胡椒、橄榄油……适量

准 备

蔬菜洗净去皮，扇贝肉切小粒调味。

制 作

1. 将花菜放入牛奶煮软后过滤，加奶油用粉碎机打成泥并调味。
2. 红菜头、橙一起榨汁，加黄油、盐、胡椒调味，制成混合果汁。
3. 炒制扇贝粒，加入一部分花菜泥。
4. 另一部分花菜泥加入墨鱼汁拌匀。
5. 煮熟小土豆，去皮加水加墨鱼汁，用粉碎机打成泥，低温烘干成脆片。
6. 按图摆盘，配上甜豆粒，饰以食用花。

烹饪要点

炒制扇贝粒时的油温不要太高。

甜酒煮波士顿龙虾钳

Steamed Boston Lobster Claw with Liqueur

原 料

波士顿龙虾钳……1 只
新鲜茴香……50 克
青黄节瓜片……50 克
无花果……1 只

西兰花……20 克
洋葱……20 克
食用花苗……适量
青柠檬汁……2 毫升

利口酒……20 毫升
鱼汤……50 毫升
海盐、黄油……适量

准 备

波士顿龙虾钳蒸熟去壳，用青柠檬汁和海盐腌渍入味。

制 作

1. 将腌渍好的龙虾钳肉放入鱼汤中慢煮，同时加入利口酒和新鲜茴香。
2. 青黄节瓜片焯水，同时加入海盐和黄油。
3. 西兰花焯水调味。
4. 按图装盘，配上无花果，饰以食用花苗。

烹饪要点

波士顿龙虾钳一定要蒸熟后再去壳，以免粘连。

双味羊排

Double Flavor Lamb Chops

原 料

羊排……2 支
手指胡萝卜……2 根
黄绿节瓜……50 克
孢子甘蓝……2 颗
无花果……1 只
尼斯羊肉包裹料……20 克

玉米麦片……50 克
豆蔻粉……3 克
辣椒粉……3 克
黑芝麻……5 克
黄油……50 克
黄芥末……20 克

芥末蛋黄酱……20 克
味好美特级红甜椒粉……3 克
味好美蒜粉……3 克
味好美黑胡椒粉……3 克
盐、橄榄油……适量

准 备

羊排一支用黑胡椒粉、盐腌渍；另一支用豆蔻粉、辣椒粉、特级红甜椒粉、蒜粉、盐腌渍。

制 作

1. 将 2 支羊排两面煎上色，表面涂上黄芥末。
2. 将用黑胡椒、盐腌渍的羊排用尼斯羊肉包裹料包裹。
3. 玉米麦片、黄油、黑芝麻混合后制成包裹料，裹上另一支羊排。
4. 2 支羊排放入 275 摄氏度的烤箱烤至七成熟。
5. 手指胡萝卜、节瓜、孢子甘蓝分别焯水调味。
6. 按图摆盘，配上蛋黄酱，以食用花草装饰。

烹饪要点

包裹料在包裹时一定要用力压紧，以免其在烹制过程中脱落。

奥克兰特制鳌虾配白兰地芝士酱

Oakland Flavor Cambarus Clarkii Served with Brandy Cheese Sauce

原 料

鳌虾……2 只
芦笋……20 克
手指胡萝卜……2 根
水萝卜……1 只
奶油芝士……20 克

蓝纹芝士……10 克
蛋黄酱……10 克
玫瑰盐……2 克
食用花草……适量

味好美香芹籽……2 克
青柠檬汁……3 毫升
白兰地……3 毫升
盐、胡椒、橄榄油……适量

准 备

鳌虾去头去壳用玫瑰盐、青柠檬汁腌渍。

制 作

1. 将腌渍好的鳌虾煎熟。
2. 将奶油芝士、蓝纹芝士与白兰地混合，搅拌成白兰地芝士酱。
3. 手指胡萝卜、芦笋分别焯水调味。
4. 按图装盘，撒上香芹籽，饰以水萝卜片、食用花等。

烹饪要点

鳌虾要用旺火煎，快速断生，以保持其肉质的弹性。

盐焗羊里脊佐香烩李子

Salt-baked Lamb Tenderloin Served with Stewed Plums

原 料

羊里脊……200 克

李子……2 只

樱桃……2 只

丁香……2 克

桂皮……2 克

茴香……2 克

酸奶……50 克

柠檬草……10 克

葱花……10 克

色拉油……10 毫升

红酒……100 毫升

海盐、盐和胡椒……适量

准 备

羊里脊去骨、去筋，改刀成型。

制 作

1. 羊里脊用盐、胡椒调味，用炭火烧烤到外脆里嫩。
2. 把李子修到想要的形状，然后和丁香、桂皮、茴香一起在红酒中用慢火烩透。
3. 将柠檬草放在酸奶中浸泡出很浓的柠檬草香味。
4. 按图摆盘，在烤好的羊里脊表面撒上海盐和葱花，用樱桃装饰即可。

烹饪要点

羊里脊边烧烤边淋色拉油。

Flavor Forecast 2017

Taste it Forward

味好美"流行风味预测"，自2000年开启以来，至今已有18年的历史。它是由味好美全球的美食专家（包括主厨团队、趋势研发团队和技师团队）共同发起的对未来美食的流行趋势及原料的探索。

每年，味好美都会发布"流行风味预测"的趋势报告，其结论受到了烹饪爱好者及专业人士的广泛认可并备受推崇。从家庭烹饪到高级餐饮，从零售商到快餐食品企业，都对味好美的推荐极为珍视。

欲了解更多信息及菜谱，请登陆 www.weihaomei.com 或 www.mccormick.com.cn
您也可以关注"味好美厨师俱乐部"微信公众号，以了解更多菜谱及风味知识

CHAPTER 6

第六章
菜肴调味 融合篇

三文鱼鞑靼佐柚子南瓜泥

Salmon Tata Served with Grapefruit Pumpkin Puree

原 料

三文鱼……100 克
洋葱末……10 克
水瓜柳……10 克
柠檬汁……5 克

刁草……5 克
柚子南瓜泥……100 克
青豆泥……50 克
青芥末膏……7 克

玫瑰盐……3 克
食用花苗……适量
味淋……5 毫升
胡椒、橄榄油……适量

准 备

刺身三文鱼切丁。

制 作

1. 三文鱼丁拌入洋葱末、水瓜柳、柠檬汁，用玫瑰盐调味。
2. 青豆泥中加入味淋、青芥末膏，制成芥末青豆泥。
3. 按图装盆，配上柚子南瓜泥、芥末青豆泥，饰以刁草、食用花等。

烹饪要点

三文鱼刺身的腌渍时间不宜过久，应现做现吃。

青花鱼配生蚝

Mackerel Served with Fresh Oyster

原 料

青花鱼……100 克
生蚝……1 只
水瓜柳……15 克
水萝卜……1 只
鱼子酱……20 克
洋葱末……10 克

蒜片……5 克
刁草……10 克
白砂糖……20 克
食用花苗……适量
白醋……20 毫升

柠檬汁……5 毫升
酸黄瓜汁水……50 毫升
白兰地……5 毫升
罗勒油……10 毫升
胡椒、橄榄油……适量

准 备

青花鱼洗净后沥干水分。

制 作

1. 青花鱼用水瓜柳、洋葱末、刁草、柠檬汁、白兰地、酸黄瓜汁水腌渍 10 小时。
2. 将生蚝开壳取肉。
3. 将腌渍好的青花鱼改刀成段。
4. 水萝卜切丝用盐腌渍后挤出水分，加入白砂糖和白醋腌渍。
5. 按图装盆，配上鱼子酱、水萝卜丝，饰以刁草、食用花等。

烹饪要点

青花鱼的腌渍要充分，使其入味。

小鱿鱼酿仁当咖喱海鲜饭

Small Squid Crammed in Curry Paella

原料

小鱿鱼……1 条
意大利米……50 克
小鲍鱼……1 只
澳带……1 只
洋葱末……20 克
蒜泥……10 克

红菜头……1 只
新鲜无花果……1 只
帕玛森芝士……20 克
味好美仁当咖喱粉……8 克
白葡萄酒……20 毫升
苹果汁……30 毫升

石榴糖浆……10 毫升
鸡汤……50 毫升
食用花草……适量
橄榄油、黄油、盐和胡椒
……适量

准备

小鱿鱼去内脏后洗净备用。

制作

1. 小鲍鱼、澳带切粒。
2. 蒜泥、洋葱末煸香后，翻炒海鲜粒，加入意大利米，分三次倒入白葡萄酒、鸡汤烹煮，至米饭八成熟，拌入帕玛森芝士，制成意大利饭。
3. 小鱿鱼加盐、胡椒、白葡萄酒焯水后，酿入意大利饭，入 250 摄氏度烤箱烤 5 分钟。
4. 红菜头焯水，用苹果汁、石榴糖浆调味。
5. 按图装盆，饰以新鲜无花果、食用花草等。

烹饪要点

意大利饭不能煮至全熟，以七八成熟为佳。

烤鸭胸配甜酒奶油汁及藜麦

Roast Duck Breast Served with Liqueur Cream Sauce & Quinoa

原 料

鸭胸……80 克
藜麦……60 克
橙肉……50 克

青柠檬……1 只
食用花草……适量
马萨拉甜酒……5 毫升

柠檬汁……30 毫升
奶油……50 毫升
盐、胡椒、橄榄油……适量

准 备

鸭胸改刀用盐、胡椒腌渍。

制 作

1. 藜麦用矿泉水煮熟，拌入柠檬汁和橄榄油。
2. 用奶油、马萨拉甜酒等烧制甜酒奶油汁。
3. 用橄榄油将鸭胸煎至金黄，放入烤箱烤至七成熟。
4. 按图摆盘。

烹饪要点

鸭胸要用慢火煎，把鸭皮中的油尽量煎出来，以达到外脆里嫩的口味。

野菌牡蛎佐柚子芝麻汁

Wild Mushrooms & Oyster Served with Grapefruit Sesame Sauce

原 料

牡蛎……1 只
各式野菌……50 克
芝麻酱……50 克

食用花……适量
柚子醋……10 毫升

清酒……10 毫升
盐、胡椒、橄榄油……适量

准 备

将牡蛎清洗后开盖，保留壳内的海水。

制 作

1. 把柚子醋和海水、芝麻酱制作成柚子芝麻汁。
2. 在盆中摆放上新鲜的牡蛎配以胡麻汁、柚子芝麻汁和清酒乳泡，用各式野菌和食用花围边装饰。

烹饪要点

芝麻汁的制作要注意厚薄，不能太厚，以免影响口感。

烤牛肩配茄子和野菌菇

Roasted Chuck Steak Served with Eggplant & Wild Mushroom

原 料

牛肩肉……500 克
茄子……100 克
野菌菇……50 克
松茸片……1 片

百里香……10 克
迷迭香……10 克
洋葱碎……50 克
食用花……适量

红酒……50 毫升
牛肉汁……100 毫升
盐、胡椒、橄榄油……适量

准 备

牛肩肉去筋膜，用盐、胡椒、百里香、迷迭香腌渍。

制 作

1. 将腌渍好的牛肩肉用旺火两面煎上色，撒上洋葱碎，喷上红酒，放入 250 摄氏度的烤箱烤 45 分钟。
2. 烤好的牛肉取出改刀。
3. 茄子和野菌菇一同入锅翻炒调味，加入牛肉汁慢火煨至酥烂。
4. 按图装盆，配上松茸片和食用花等。

烹饪要点

牛肩肉烤制时要控制好时间，以免肉质过老。

柠檬咖喱盐烤鸡胸

Chicken Breast Baked with Lemon Curry Salt

原 料

鸡胸……150 克
红圆椒……1 只
西兰花……50 克
插片……2 片

栗子土豆泥……70 克
甜橙南瓜酱……50 克
百里香……10 克
洋葱碎……50 克

食用花……适量
味好美柠檬咖喱盐……10 克
盐、胡椒、橄榄油……适量

准 备

鸡胸用盐、胡椒、百里香、柠檬咖喱盐腌渍。

制 作

1. 将腌渍好的鸡胸用旺火两面煎上色，接着以慢火煎熟。
2. 取出鸡胸改刀成形。
3. 红圆椒用喷火枪炙烤至其皮焦，然后剥去表皮，用盐、胡椒、橄榄油腌渍。
4. 西兰花焯水调味。
5. 栗子土豆泥铺底，按图依次摆放鸡胸、蔬菜等，配上甜橙南瓜酱和插片、食用花等。

烹饪要点

鸡胸的煎制以刚断生为好，过老则鸡肉容易发柴。

马萨拉风味烤鸭紫菜卷

Peking Duck Wrapped with Nori in Masala Flavor

原 料

北京填鸭……1 只
芦笋……2 根
西兰花……50 克
花菜泥……80 克

豆荚……50 克
水萝卜……1 只
紫菜……2 张
特制甜面酱……50 克

味好美甜酸酱……50 克
味好美马萨拉风味调料
……20 克
盐、胡椒、橄榄油……适量

准 备

北京填鸭用盐、胡椒、马萨拉风味调料腌渍，充气后用鼓风机将其外皮吹干。

制 作

1. 外皮吹干后的填鸭放入 275 摄氏度的万能蒸烤箱中烤熟。
2. 取出整鸭，切片后以紫菜包卷。
3. 芦笋、西兰花、豆荚焯水调味。
4. 花菜泥铺底，按图依次摆放鸭肉紫菜卷、蔬菜等，配上特制甜面酱等。

烹饪要点

烤鸭的烤制以表皮酥脆为佳。

烤乳猪佐树莓酱

Roasted Suckling Pig Served with Raspberry Sauce

原 料

乳猪……1 只　　　　红菜头……1 只　　　　白葡萄酒……100 毫升

蒜瓣……5 粒　　　　迷迭香……50 克　　　　蜂蜜糖浆水……20 毫升

洋葱碎……50 克　　　树莓酱……50 克　　　　芒果汁……100 毫升

樱桃番茄……1 只　　　食用花……适量　　　　盐、胡椒、橄榄油……适量

准 备

乳猪洗净后开膛切断肋脊翻开，用盐、胡椒、橄榄油、迷迭香、蒜瓣、白葡萄酒腌渍。

制 作

1. 将腌渍好的乳猪放入万能蒸烤箱蒸熟。
2. 蒸熟的乳猪冷却后去骨，刷上蜂蜜糖浆水放入烤箱，烤干后取出再刷酱，反复多次，至其表皮酥脆。
3. 将烤好的乳猪取出改刀成形。
4. 红菜头焯水后取出，用芒果汁煨至酥软。
5. 按图装盆，饰以树莓酱、无花果、食用花等。

烹饪要点

乳猪的烤炙应根据皮是否已酥脆来决定刷酱的次数。

小鱿鱼酿海鲜野米配澳带

Small Squid Crammed in Seafood & Wild Rice Served with Scallop

原 料

小鱿鱼……1 只
澳带……1 只
虾仁……20 克
墨鱼……20 克
美国野米……50 克
洋葱末……10 克

蒜泥……10 克
黑菌……10 克
无花果……1 只
树莓酱……50 克
青芥末酱……50 克

海鲜酱……50 克
食用花……适量
鸡汤……100 毫升
白葡萄酒……20 毫升
盐、胡椒、橄榄油……适量

准 备

小鱿鱼洗净后去头。

制 作

1. 将洋葱、蒜泥炒香后，加入墨鱼粒、虾仁粒、美国野米翻炒，倒入白葡萄酒、鸡汤，煮制成海鲜野米饭。
2. 小鱿鱼焯水调味后，酿入海鲜野米饭，在煎锅上煎上色。
3. 澳带煎上色并调味。
4. 将煎上色的小鱿鱼改刀成三段。
5. 按图装盆，刷上三种酱汁，饰以黑菌、无花果、食用花等。

烹饪要点

小鱿鱼的焯水时间不宜过久，以免影响口感。

 **碳烤牛肋**

Carbon Roast Beef Ribs

原 料

牛肋排……500 克

洋葱块……100 克

胡萝卜块……50 克

西芹块……50 克

香叶……3 片

百里香……15 克

七味粉……15 克

蜂蜜……20 克

味好美番茄酱……50 克

BBQ 酱……50 克

食用花苗……适量

红酒……100 毫升

牛肉汁……300 毫升

柠檬汁……10 毫升

鸡汤……200 毫升

盐、胡椒、橄榄油……适量

准 备

牛肋排洗净用鸡汤煮 1 小时后取出备用。

制 作

1. 炒香洋葱块、胡萝卜块、西芹块，加入番茄酱、红酒、牛肉汁，放入备用的牛肋排慢煮 4 小时。

2. 将煮好的牛肋排取出分开骨肉。

3. 在煮牛肋排的汤水中加入 BBQ 酱、柠檬汁、蜂蜜，制成碳烤酱。

4. 将碳烤酱刷在牛肉上，放入 270 摄氏度烤箱，烤至焦糖色。

5. 按图装盆，配上碳烤酱，饰以食用花苗，撒上七味粉。

烹饪要点

牛肋排要煮到酥而不烂的程度。

地中海风味蒜香仔鸡

Mediterranean Flavor Garlic Broiler Chicken

原 料

仔鸡……1 只
水萝卜……1 只
有机花菜……50 克
花菜泥……100 克
洋葱末……20 克

蒜泥……10 克
百里香……10 克
刁草……10 克
食用花……适量
味好美地中海风味蒜香调料
……5 克

酸奶……100 毫升
奶油……20 毫升
白葡萄酒……5 毫升
胡椒、橄榄油……适量

准 备

仔鸡洗净，用酸奶、奶油、白葡萄酒、味好美地中海蒜香调料、蒜泥、盐、胡椒腌渍入味。

制 作

1. 将腌渍好的仔鸡在扒炉上扒上色，放入 175 摄氏度烤箱慢烤至熟。
2. 有机花菜切片后调味在扒炉上扒上色。
3. 盆中铺上花菜泥，按图摆放烤好的仔鸡，饰以食用花等。

烹饪要点

仔鸡的烤制时间应久一些，尽可能充分入味。

煎鳕鱼配红菜头蜜汁

Fried Cod Served with Beets Honey

原 料

鳕鱼……200 克
豌豆……1 节
手指胡萝卜……2 根
干葱……2 只
山楂……1 只
意大利节瓜条……20 克

酸黄瓜碎……10 克
橙片……1 片
红菜头酱……50 克
生粉……10 克
味好美粗黑胡椒碎……2 克
海盐……3 克

蜂蜜……30 克
青柠檬汁……5 毫升
红酒醋……20 毫升
白兰地……10 毫升
盐、胡椒、橄榄油……适量

准 备

鳕鱼去皮去刺后改刀成形。

制 作

1. 鳕鱼块用用海盐、青柠檬汁和黑胡椒碎腌渍。
2. 将腌渍好的鳕鱼拍上生粉，两面煎上色，淋上白兰地后放入 200 摄氏度烤箱烤至全熟。
3. 手指胡萝卜与豌豆、节瓜条焯水并调味。
4. 山楂放入沸腾的糖水煮 2 分钟，干葱煎上色。
5. 红菜头酱加入蜂蜜和红酒醋调匀并加热，制成红菜头蜜汁。
6. 按图装盘，撒上酸黄瓜碎，饰以橙片。

烹饪要点

鳕鱼应煎上色后再淋白兰地，以保证菜肴有浓郁的酒香。

蚕豆泥鳕鱼塔林

Broad Bean Puree & Chopped Cod Tart

原 料

鳕鱼柳……400 克
蚕豆泥……200 克
培根……100 克
萝卜片……30 克
甜菜头……40 克
青柠檬……2 个

黑鱼子酱……20 克
食用花苗……适量
味好美粗黑胡椒碎……2 克
海盐……3 克
味好美辣椒粉……1 克

味好美蒜头粉……1 克
味好美黄芥末酱……200 克
白酒醋……50 毫升
蜂蜜……50 克
橄榄油……适量

准 备

鳕鱼去皮去刺洗净后，改刀成小块。

制 作

1. 将青柠檬皮用削皮器搓成青柠檬皮碎，和味好美辣椒粉、味好美蒜头粉拌匀待用。
2. 鳕鱼块用搅拌机高速搅拌成泥，用海盐和味好美粗黑胡椒碎拌匀。
3. 模具中先放入培根，然后填入鳕鱼茸、蚕豆泥，撒上青柠檬皮碎，入 180 摄氏度的蒸烤箱烤熟，制
    成鳕鱼塔林。
4. 将味好美黄芥末酱、白酒醋、蜂蜜和橄榄油调匀，制成酱汁。
5. 鳕鱼塔林冷藏后，取出改刀，按图装盘，饰以食用花草。

烹饪要点

鳕鱼塔林一定要隔水蒸烤，以免其外皮结块。

蒸澳带配 XO 辣椒酱

Steamed Scallop Served with XO Chili Sauce

原 料

澳带……1 只
芦笋……3 根
红菜头丝……10 克
XO 辣椒酱……20 克

法国黄芥末酱……5 克
海盐……3 克
食用花苗……适量

青柠檬汁……5 毫升
雪莉酒……10 毫升
盐、胡椒、橄榄油……适量

准 备

澳带用青柠檬汁和海盐腌渍入味。

制 作

1. 将腌渍好的澳带两面煎上色，淋上雪莉酒。
2. 芦笋焯水调味。
3. 红菜头丝过热油，炸成形。
4. 按图装盘，配上黄芥末酱和 XO 辣椒酱，饰以食用花苗。

烹饪要点

澳带煎上色即可，以保持其生鲜的口感。

香煎北海道扇贝配胡萝卜慕斯

Pan-fried Scallop Served with Carrot Mousse

原料

扇贝……1 只
樱桃番茄……2 颗
孢子甘蓝……2 颗
胡萝卜……100 克

比利时生菜……3 片
明胶片……1 片
蜂蜜……10 克
花椰菜苗……5 克

味好美柠檬咖喱盐……3 克
清酒……3 毫升
橙汁……20 毫升
盐、胡椒、橄榄油……适量

准备

扇贝去壳取肉沥干水分，用味好美柠檬咖喱盐、清酒腌渍。

制作

1. 将腌渍好的扇贝两面煎上色，入 180 摄氏度的烤箱烤 3 分钟。
2. 樱桃番茄和孢子甘蓝一切二待用。
3. 干葱入煎锅煸炒出香味后，加入改刀后的樱桃番茄和孢子甘蓝快速翻炒并调味。
4. 胡萝卜煮熟至酥烂，加入明胶片、蜂蜜、橙汁，用果汁机打碎调味，制成胡萝卜慕斯。
5. 按图装盘，饰以花椰菜苗等。

烹饪要点

胡萝卜慕斯在制作过程中要根据所需的厚薄，随机调整橙汁、蜂蜜的配比。

波士顿风味龙虾色拉

Boston Lobster Salad

原 料

波士顿龙虾……1 只
青黄节瓜……100 克
秋葵……50 克
蓝莓……20 克

香茅……5 克
食用花草……适量
青柠檬汁……3 毫升

白葡萄酒……10 毫升
香槟酒……10 毫升
盐、胡椒、橄榄油……适量

准 备

龙虾蒸熟去头去壳。

制 作

1. 将龙虾肉用白葡萄酒、香槟酒、青柠檬汁、香茅、盐、胡椒调味。
2. 调味好的龙虾肉放在蒸盘上，入万能蒸烤箱蒸 7 分钟。
3. 节瓜刨片，焯水并调味。
4. 秋葵焯水调味后改刀。
5. 按图装盆，饰以食用花草等。

烹饪要点

用白葡萄酒和香槟酒调味的龙虾肉，为了让酒香充分带出龙虾的鲜味，可适当延长蒸制时间。

蒸鳕鱼配龙井茶汁

Steamed Cod Fish with Longjing Tea Sauce

原 料

银鳕鱼……150 克
龙井茶……2 克
大豆卵磷脂……3 克

蟹味菇……50 克
白玉菇……20 克

香菜……5 克
盐、胡椒、橄榄油……适量

准 备

银鳕鱼洗净改刀调味。

制 作

1. 将龙井茶汁调味放入大豆卵磷脂打成泡沫备用。
2. 银鳕鱼放入蒸箱中蒸熟。
3. 将蒸好的银鳕鱼取出放入盘中，上铺炒入味的蟹味菇和白玉菇，用香菜装饰。
4. 按图摆盘，淋入打成泡沫的龙井茶汁。

烹饪要点

蒸鱼的时候应设法避免蒸箱中的水滴直接滴在蒸盆中的鱼肉上。

附录
大师榜
A List of Great Cooks
（西文姓名按全名首字母排序，中文姓名按姓氏笔画排序）

Julien Casset

法国 Paul Bocuse 学院学士学位
Mill Food Intelligence 餐饮顾问
Louis XV 路易十五餐厅担任主厨

Christopher Pitts

水舍行政总厨
西餐烹饪大师

Raphaël Vetri

博古斯学院法国西餐厅总经理和行政
总厨

Corentin Delcroix

法国烹饪学士学位
资深食品企业餐饮顾问
菜品研发专家

马少群

锦江饭店西餐总厨
中国烹饪大师

Giuseppe Angelica

上海凯宾斯基大酒店意大利厨房厨师长
烹饪大师

马光俊

上海机场华美达广场酒店行政总厨
烹饪大师

Guillaume Comparat

青岛海尔洲际酒店总厨
烹饪大师

马浩成

上海费尔蒙和平饭店
中国名厨
国家级高级技师
曾赴美国 CIA 烹饪学院进修

Jason Liu

西郊一号菜品总顾问
中国台湾烹饪大师

王龙

上海 M ON THE BUND 餐厅行政副
总厨
国家级高级厨师

王芳

上海第二轻工业学校烹饪教学部主任
西餐学科带头人
中国名厨
国家级高级技师

朱鹤

瑞金洲际酒店西餐行政副总厨
中国名厨

尹康杰

万豪亚特兰大石头山五星豪华度假会议
高尔夫中心总厨
美国联邦烹饪协会认证行政总厨
美国康佰使餐饮集团区域行政总厨

朱一帆

世界厨师联合会
青年厨师发展委员会委员
中国烹饪大师

叶卫

上海餐饮烹饪行业协会西餐专业委员会
常务副主席
FHC 中国国际甜品烘焙大赛主裁判
中国国家甜品队教练

朱颖海

上海东郊宾馆西餐总厨
国家级技师
新中国 60 年上海餐饮业西餐技术精英
曾赴意大利 Toscane 专业厨艺学院
进修
第四届 FHC 国际烹饪大赛银牌获得者

叶青

上海衡山马勒别墅西餐主厨
国家高级厨师
获18届 FHC 中国国际烹饪比赛铜奖

全福

明悦酒店厨师长
国家级高级技师
中国名厨

史政

苏州凯悦酒店行政总厨
烹饪大师
国家级高级技师
上海市职业技能西式烹调师考评员
法国厨皇会金牌会员

刘人杰

上海工商职业技术学院 PICH 餐旅服务
学院 西餐教学总厨
衡山集团西餐厨艺顾问

冯伟

上海凯宾斯基大酒店行政总厨
中国烹饪大师

刘洪

衡山马勒别墅行政总厨
中国烹饪大师
上海十大名厨
全国优秀厨师
国家级高级技师
国家职业技能鉴定考评员

刘鹏

青岛逸林希尔顿酒店西餐主厨
世界烹饪联合会认证 B 级裁判
中国名厨

李伟强

上海旅游高等专科学校教师
浙江旅游职业学院客座教师
香港理工大学酒店及旅游业管理硕士
中国烹饪大师
西餐高级技师
曾赴法国保罗·奥吉埃酒店学校学习

刘鑫

侨福芳草地 – 北京怡亨酒店行政总厨
世界厨师联合会认证 B 级评委
中国名厨

李鸿斌

迪拜雅士阁假日酒店西班牙餐厅厨师长
烹饪大师

江礼斌

东航美食创意中心主任
中国烹饪大师
上海市技术能手、首席技师

劳建荣

上海市德大西餐有限公司常务副总经
理，行政总厨
中国烹饪大师
上海市行业首席技师

孙伟民

上海市群星职业技术学校烹饪教师
中国烹饪名师
上海市中式烹调师考评员

苏志祥

上海凯达中西烹饪专业学校高级西餐
教师
红塔豪华精选酒店副厨师长

李小华

上海帮帮食品执行董事
上海裴茜尔创意总监
中国名厨
曾受美国麦克亨尼公司邀请赴美国洛杉
矶、法国蒙彼利埃进修
上海旅游高等专科学校客座副教授

杨勇

上海国际会议中心行政副总厨
中国烹饪大师

李双琦

上海旅游高等专科学校讲师
国家级高级技师
曾在俄罗斯太平洋国立经济大学、
苏格兰 Reid Kerr 学院、
法国 PAUL BOCUSE 学院餐厅
进修和工作

吴俊

上海日航饭店厨师长
西餐烹饪名师

吴斌

上海华尔道夫大酒店行政副总厨
烹饪大师

张爱军

上海中航泊悦酒店行政副总厨
国家级技师

邱琼

上海餐饮烹饪行业协会西餐专业委员会
秘书长
中国烹饪大师

张弛

新越百货（苏州）意大利 Florian
Restaurant 主厨
西餐烹饪名师

佘骏

济南喜来登大酒店行政总厨
2006 年法国食品协会颁发的风尚奖
获得者

邵军

上海餐饮创意产业研究会创意副总监
中国名厨
国家级高级技师

沈巍

银星皇冠假日酒店中餐行政总厨
中国烹饪大师
上海市技术能手、首席技师
2012 荣获亚太厨皇会荣誉会长及国际
烹饪艺术大师

邵明

上海红塔豪华精选酒店行政总厨
国家级高级烹饪师

张玮

上海裴茜尔创意副总监
国家级高级技师
中国名厨

陆文浩

上海廉勤餐饮管理有限公司
餐饮研发总监
烹饪大师

张国庆

深圳前海 JW 万豪酒店全日制厨房
厨师长
中国烹饪大师

陆勤松

上海虹桥迎宾馆西餐总厨
国家级高级技师
新中国 60 年上海餐饮业西餐技术精英
曾赴意大利 Toscane 专业厨艺学院、
美国 CIA 烹饪学院进修
香港国际烹饪大赛银牌获得者

陈刚

麦德龙培训厨房总经理
中国烹饪大师
国家职业技能鉴定考评员
国家级高级技师

金烨

上海博雅酒店副主厨
中国烹饪大师
SIAL Top Chef 中国国际顶级厨师邀
请赛金奖获得者

陈铭荣

上海虹桥美爵大酒店行政总厨
中国烹饪大师
上海名厨
曾获 FHC 烹饪大奖赛金奖

周亮

上海圣诺亚皇冠假日酒店总经理
中国烹饪大师
国家职业技能鉴定考评员
国家级高级技师

陈锋

上海鹿蜀餐饮管理有限公司行政总厨
烹饪大师

周晓轶

上海 King's Cross 行政总厨
烹饪大师

林伟龙

半岛酒店西餐部厨师长
高级烹调师
曾赴德国、美国学习交流

周燕峰

上海中心大厦商务运营有限公司会议
中心行政副总厨
中国烹饪大师

林苏钦

上海旅游高等专科学校烹饪与餐饮管
理系副主任、副教授
中国烹饪大师
国家级高级技师
曾赴意大利米兰学习西餐烹饪

居颖辉

香港超生活上海店行政副总厨
2006 年北京博古斯大赛中国代表队选
拔赛总决赛冠军
中国体育总局训练局高级厨务顾问
世厨联国际裁判

苟顺年

重庆万达艾美酒店餐饮总监
中国烹饪大师

郑纯涛

上海东方航空行政副总厨
曾任五星级酒店厨师长
获取东南亚地区西餐比赛金奖
中国烹饪大师
国家级高级技师

宓君巍

味好美（中国）高级厨艺顾问
国家级高级技师、高级公关营养师
第四届全国厨艺创新大赛金奖获得者
曾赴南非、加拿大、英国等国家和地
区工作、学习

莫自杰

淮安鼎立国际大酒店（五星）餐饮总
监兼行政总厨
中国烹饪名师
中式烹饪技师

胡明

上海新世界巴黎春天大酒店行政副总厨
国家级高级技师

桂磊

虹口三至喜来登酒店副厨师长
上海名厨

茹骏

上海花曳餐饮管理有限公司顾问主厨
烹饪大师
获第十八届 FHC 中国国际烹饪艺术
比赛牛肉组项目铜奖

顾斌

上海联怡枇杷乐园投资管理有限公司
常务副总经理
上海市青浦区首席技师
中国名厨

侯越峰

国家级技师
中国名厨
上海商贸旅游学校西餐烹饪教师
曾担任上海老时光酒店行政副总厨
曾在意大利 ICIF 烹饪学校进修

钱继龙

上海东锦江逸林希尔顿大酒店行政副
总厨 / 法式餐厅厨师长
中国烹饪大师

侯德成

北京市骨干教师，高级教师
西餐烹饪高级技师
北京市商业学校商旅系副主任兼国际
酒店专业主任

徐迅

浙江省高校西餐工艺专业带头人，
副教授
中国烹饪大师
国家职业技能竞赛裁判员

贺喆翔

上海柏悦酒店厨师长
中国名厨

徐峰

上海天禧嘉福璞缇客酒店行政总厨
中国烹饪大师

凌云

上海金桥华美达酒店行政总厨
国家级高级技师
中国名厨
国家职业技能鉴定考评员
新中国 60 年上海餐饮业西餐技术精英

童光胜

名人苑宾馆行政总厨
中国烹饪大师
（上海）浦东烹饪协会副会长
高级营养师

曹纲

上海逸夫职业技术学校教研组长，西餐
烹饪专业负责人
2011 年获第四届"星光计划"优秀指
导教师奖

鄢赪

昆明饭店有限公司餐饮分公司总经理，
行政总厨
中国烹饪协会西餐专业委员会副主席
云南省烹饪协会副会长

曹俊杰

西安皇冠假日酒店厨师长
曾赴意大利学习和交流
高级烹调师

蔡永良

美国海神叉海鲜食品有限公司创意总厨
中国烹饪大师

戚乙锋

上海市委党校行政总厨
国家高级技师
获特色美食国际大赛金奖

潘熠林

上海银锐餐饮管理有限公司
（茂盛山房）行政总厨
中国名厨
烹饪大师
国际级技师
曾赴法国、瑞士、中国香港学习进修

阎先锋

HIKARI 慕光日本料理料理长
烹饪大师

潘志恒

上海市曹杨职业技术学校
烹饪教研组组长
上海市教委烹饪教研中心组成员
法国马赛旅游学校客座教师

董彦

上海迪士尼乐园酒店行政总厨
中国烹饪大师

薛瑞雄

美国皇家加勒比邮轮行政副总厨
中国名厨
曾任悉尼斯坦福酒店西餐主厨
曾赴美国 CIA 烹饪学院进修